建筑工程灌浆技术及应用

中科院广州化学有限公司
中科院广州化灌工程有限公司　组编

薛　炜　古伟斌　胡文东　编著

中国建筑工业出版社

图书在版编目（CIP）数据

建筑工程灌浆技术及应用/中科院广州化学有限公司，中科院广州化灌工程有限公司组编；薛炜，古伟斌，胡文东编著．—北京：中国建筑工业出版社，2022.4（2024.5 重印）

ISBN 978-7-112-27266-2

Ⅰ．①建… Ⅱ．①中…②中…③薛…④古…⑤胡… Ⅲ．①建筑工程-灌浆 Ⅳ．①TU755.6

中国版本图书馆 CIP 数据核字（2022）第 057030 号

本书对灌浆技术在建筑工程中的应用进行了较全面的梳理和总结，分门别类地介绍了常用的灌浆材料、建筑工程中常用的灌浆技术，以及具体的工程实例。全书共分十章，主要内容包括：绪论；灌浆机理；灌浆材料与设备；地基基础工程灌浆技术；基坑工程灌浆技术；建筑结构渗漏水治理灌浆技术；建筑结构加固补强处理灌浆技术；既有建筑物基础加固与纠偏灌浆技术；灌浆工程质量检查与检测；工程实例。

本书实用性强，可供从事建筑工程设计、监理、施工、检测与管理等领域的工程技术人员使用，也可作为其他相关领域工作与学习人员的参考书。

责任编辑：辛海丽
责任校对：李欣慰

建筑工程灌浆技术及应用

中科院广州化学有限公司
中科院广州化灌工程有限公司 组编
薛　炜　古伟斌　胡文东　编著

*

中国建筑工业出版社出版、发行（北京海淀三里河路 9 号）
各地新华书店、建筑书店经销
唐山龙达图文制作有限公司制版
建工社（河北）印刷有限公司印刷

*

开本：787 毫米×1092 毫米　1/16　印张：10½　字数：261 千字
2022 年 5 月第一版　2024 年 5 月第四次印刷
定价：**45.00** 元
ISBN 978-7-112-27266-2
（39070）

序

在工程建设过程中，灌浆技术以其独特的方法已经成为解决诸多工程问题的一项重要手段，它是融合了化学、材料、工程地质、岩土工程、结构工程、建筑工程等学科而形成的一门交叉学科，可解决地基基础加固、岩土固化、突水涌水、混凝土缺陷修复、房屋纠偏等工程疑难问题，起到提高力学强度、防渗堵漏、修复加固的作用。20世纪80年代初，地处改革开放前沿的中国科学院广州化学研究所，在国内创办了从事化学灌浆技术研究、应用与开发的专业化企业——中国科学院广州化学研究所化学灌浆公司。依托中国科学院，化灌公司解决了许多水利、铁路、公路及工民建等领域中的工程疑难问题，为我国的国民经济建设及化学灌浆事业的发展作出了重要的贡献。

我与化灌公司结缘始于我的老师曾国熙先生，化灌公司成立伊始，曾先生便与广州化学研究所及化灌公司开展了化学灌浆技术在软土地基处理方面的探讨研究，随着与化灌公司的交流不断深入，我们在科研项目、人才培养、技术成果转让、技术创新平台搭建等方面有了全面深入的合作。在长期合作的基础上，2015年广东省科技厅又批准成立了广东省中科浙大化灌工程与材料院士工作站。岁月无声，不经意间浙江大学与化灌公司的交流合作已有三十多年了，广州化学研究所及化灌公司在化学灌浆领域丰硕的科研成果及应用实践，也丰富了我们的学术研究领域、拓展了我们的学术思路。

本书作者长期从事灌浆材料及工艺的研发及工程实践，具有丰富的实践经验和较扎实的理论基础，多年来解决了诸多工程建设问题，特别是建筑工程中的"疑难杂症"，在防渗堵漏、地基基础加固、房屋纠偏及混凝土结构的缺陷修复等方面有独到的技术。

值此化灌公司成立四十周年之际，本书作者将其在建筑工程领域中的灌浆技术应用成果编著成书，既是对他们四十年实践经验的回顾，也是对灌浆技术在建筑工程领域应用的系统总结。本书内容涵盖了建筑工程中灌浆技术应用的各个方面，值得从事相关领域的工程技术人员和大专院校相关专业高年级学生及研究生参考阅读。

为此，我愿推荐此书给大家，是为序。

龚晓南

前　言

现代意义的灌浆技术已有 200 多年的发展历史，从 1802 年法国人查理士·贝利格尼（Charles Beribny）使用简易装置将黏土浆液灌入砾土地层加固挡潮闸基础开始，到 1826 年硅酸盐水泥发明后，英国、法国、美国、德国等国的工程师们相继采用灌入水泥浆液的方法加固桥梁基础、坝体基础以及封堵矿井漏水。随着机械制造业的进步，灌浆工具也从简易的木质装置逐渐发展成铁质的灌浆泵、钻机等现代意义上的机械设备。19 世纪末，化学工业飞速发展，工程师们成功将化学浆液灌浆用于工程加固。到 20 世纪初，化学浆液灌浆频繁地应用于工程之中，同时将化学浆液与水泥浆液混合形成混合体的双液灌浆也在工程中得到了使用。到了 20 世纪中叶，灌浆技术日渐成熟，在隧道工程、水利工程、矿山工程、建筑工程、地下工程、地质灾害治理、抢险救灾以及文物保护等各个领域都得到了广泛应用。日本、德国、法国等国家在灌浆材料与设备等技术领域的研究与应用处于世界领先水平。

我国灌浆技术的研究和应用起步较晚，中华人民共和国成立之前几乎没有相关领域的研究，随着建设事业的全面展开特别是水电工程建设的需要，我国对灌浆材料和工艺的科学研究才逐渐发展起来。除传统的水泥、黏土等材料外，从 20 世纪 50 年代开始，我国科学家和工程师对水玻璃、聚氨酯、甲基丙烯酸甲酯和环氧树脂等化学灌浆材料进行了研究，20 世纪 60 年代开发出了丙烯酰胺灌浆材料，到 20 世纪 70 年代形成了以聚氨酯和改性环氧树脂为代表的成系列的灌浆材料。随着改革开放，土木建设工程领域迎来了空前的繁荣，大型水利水电工程、高速公路、高速铁路、超高层建筑等在祖国大地上飞速发展、方兴未艾，给灌浆技术也带来了前所未有的机遇和挑战，以绿色环保、环境友好、节能减排、高效安全、自动监控、信息互联为代表的新型灌浆材料、灌浆工艺、灌浆设备及灌浆理论不断完善、发展和创新，逐渐形成了适合我国工程特色的灌浆技术体系，极大地促进了我国灌浆技术事业的发展。

无论是新建建筑还是既有建筑，从地基处理、基础工程、基坑工程、岩溶和采空区充填到结构缺陷的加固补强修复、防渗堵漏、地基基础的沉降处理、房屋的倾斜与纠偏处置、结构改造以及装配式构件等建筑工程的各个方面，灌浆技术已成为不可或缺的重要技术方法。虽然灌浆技术在建筑工程中用途广泛，甚至在一些特定条件下是工程上唯一的技术选择，但目前还没有一本系统且全面地介绍建筑工程中灌浆技术应用的专业书籍，因此作者结合多年来在建筑工程领域从事灌浆技术应用的实践经验，编写了这本《建筑工程灌浆技术及应用》，力图能全面地反映灌浆技术在建筑工程中应用的各个方面。本书共分十章，第 1 章为绪论，介绍灌浆技术的应用概况、灌浆方法的分类、灌浆在建筑工程中的应用范围以及灌浆技术未来的发展方向；第 2 章详细介绍了在土体、岩体和混凝土中的灌浆机理；第 3 章重点对灌浆材料及其应用作了介绍，并概括地介绍了常用的灌浆设备。第 4

章介绍地基与基础工程中灌浆技术的应用；第 5 章介绍基坑工程中灌浆技术的应用；第 6 章介绍灌浆技术治理建筑结构渗漏水的方法；第 7 章介绍建筑结构加固补强处理中的灌浆技术；第 8 章对既有建筑物基础加固与纠偏中的灌浆技术作了介绍；第 9 章对灌浆工程的质量检查与检测方法进行了探讨；第 10 章选取了十个应用灌浆技术解决建筑工程中有关问题的典型工程实例与大家分享。

本书由中国科学院广州化学研究所和中科院广州化灌工程有限公司组织编写，汇聚了中国科学院广州化学研究所六十多年来在化学灌浆材料领域研发的丰硕成果和中科院广州化灌工程有限公司四十年来在工程建设领域应用灌浆技术积累的大量实践经验，突出反映了公司近年来在建筑行业中应用灌浆新技术、新材料的成果，同时参考国内外灌浆技术的新发展编写而成，重点对灌浆材料、地基与基础、基坑工程、防渗堵漏以及建筑物的加固补强与纠偏等方面进行了阐述，可供从事建筑工程设计、监理、施工、检测与管理等领域的工程技术人员使用，也可作为其他相关领域工作与学习人员的参考书。

本书第 1、4、9 章由薛炜编写；第 2 章由薛炜、张文超编写；第 3 章由曾娟娟、韦代东、陈绪港、胡文东编写；第 5、7、8 章由古伟斌、张文超、胡文东编写；第 6 章由陈绪港、薛炜、华容海编写；第 10 章由蔺青涛、薛炜、古伟斌、胡文东编写。全书由薛炜统稿，图表绘制由蔺青涛、张文超完成。

浙江大学龚晓南教授、同济大学叶观宝教授、福建省建筑科学研究院侯伟生教授级高级工程师、中国科学院广州化学研究所胡美龙研究员、熊厚金研究员、华南理工大学莫海鸿教授、西北综合勘察设计研究院徐张建勘察设计大师、广州市设计院韩建强教授级高级工程师、长江科学院魏涛教授级高级工程师、广州市城市规划勘测设计研究院彭卫平教授级、高级工程师、广东省水利水电科学研究院杨光华教授、广州大学林本海教授、深圳市市政设计研究院有限公司丘建金勘察设计大师等专家对本书的编写提出了许多宝贵的建议和意见。书中引用了相关单位、学者和工程技术人员公开发表的部分成果，在此一并表示衷心的感谢。

由于作者水平所限，书中难免存在不足与错误，恳请指正。

目　　录

第1章
绪　论

　　灌浆，又称注浆，源于不同行业习惯性的称谓，"灌"与"注"在字义上互为解释，"灌浆"与"注浆"两者无本质区别，本书采用"灌浆"术语。

　　灌浆技术是利用压送装置的外施压力将经拌合可凝固并胶结的材料（浆液）通过管路系统或其他途径置入岩体、土体或混凝土等目标体中，使被灌目标体的物理力学性能或化学性质发生改变的一种技术方法的总称，包括灌浆机理、灌浆材料、灌浆工艺和灌浆设备。

1.1　应用概况

　　19世纪20年代随着硅酸盐水泥的发明，现代意义的灌浆技术开始在英国、法国、美国、德国等国家的大坝基础、桥梁基础和房屋建筑基础的加固以及矿井漏水的封堵等方面得到广泛应用。19世纪末20世纪初，随着化学工业的飞速发展，工程师们尝试在工程中采用化学浆液进行灌浆并获得成功。到20世纪初，采用化学浆液灌浆频繁地应用于工程之中，同时将化学浆液与水泥浆液混合形成混合体的双液灌浆也在工程中得到了应用。到了20世纪中叶，随着材料科学的发展，灌浆技术日渐成熟，应用也越来越广，工程建设中越来越离不开灌浆技术。

　　我国灌浆技术的系统研究和大规模应用起步于中华人民共和国成立之后，随着我国建设事业的全面展开，水利工程中水库坝基、堤岸渠道的防渗堵漏，公路与铁路工程和矿山建设中处置隧道塌方涌水等工程问题，促使我国灌浆技术迅速发展。从20世纪50年代末起，中国科学院广州化学研究所、长江科学院、中国电建华东勘测设计院、煤炭科学研究总院、铁道科学研究院等单位的科学家和工程技术人员先后开展了对灌浆材料和灌浆工艺的系统研究与应用，研发了水玻璃、甲基丙烯酸甲酯、丙烯酰胺、脲醛树脂、铬木质素、聚氨酯和环氧树脂等化学灌浆材料，其中以中国科学院广州化学研究所研发的"中化-656""中化-798"为代表的高分子化学灌浆材料，成功地解决了成昆铁路、京广铁路复线建设等铁路隧道的塌方涌水以及龙羊峡水电站坝基泥化基岩层的加固固结等重大工程问题。改革开放以后，随着各类工程建设的蓬勃发展，给灌浆技术也带来了前所未有的发展机遇。新的灌浆材料不断涌现，如超细水泥、酸性水玻璃、高强灌浆料、弹性聚氨酯、水

1

性聚氨酯、丙烯酸盐、高渗透环氧树脂、堵漏环氧树脂及聚合物灌浆材料等；各种灌浆工艺及灌浆设备也在不断完善、发展和进步，如微孔灌浆、袖阀管灌浆、脉动灌浆、电化学灌浆、生物灌浆、MJS 工法灌浆、旋搅灌浆、多管灌浆等新工艺、新方法已在建筑工程、水电工程、地铁市政工程、高速公路工程、高速铁路工程、机场工程、核电站建设、地质灾害治理以及文物保护等行业与领域得到了广泛应用，在岩体破碎带固结、裂隙封闭、软土地基处理、结构加固补强、防渗堵漏、工程抢险等方面，灌浆法更是不可或缺的重要手段。

1.2 灌浆方法分类

灌浆技术在工程中的应用基本分为两大类：一是加固，岩体、土体、基础、结构、锚固等需补强的介质进行加固处理，恢复或提高被灌体的完整性、力学强度以及改变其物理化学性质；二是防渗堵漏，各种工况条件下的渗漏水治理及止水，改变被灌体的渗流路径、阻断渗漏水对被保护体的水流侵蚀，改善施工条件、恢复被保护体的使用环境。

具体根据在工程中处理问题的侧重点不同，灌浆技术方法可细分为：

（1）根据灌浆压力大小分为：静压灌浆（灌浆压力≤5MPa）、高压灌浆（5MPa＜灌浆压力≤35MPa）、超高压灌浆（灌浆压力＞35MPa）。如无特别说明，通常说的"灌浆"所指的就是静压灌浆技术。

（2）根据灌浆对象（被灌体）分为：土体灌浆、岩体灌浆和混凝土灌浆。

（3）根据灌浆材料属性分为：粒状材料（水泥）灌浆和真溶液材料（化学）灌浆。粒状材料以水泥为代表，属无机灌浆材料，在灌浆工程中经常使用的水玻璃浆液因其化学成分为硅酸盐类，故本书将水玻璃灌浆材料归到无机灌浆材料类中；真溶液材料以高分子化学材料如环氧树脂、聚氨酯等为代表，属有机灌浆材料。

（4）根据灌浆材料组成分为：单液灌浆和双液灌浆。一般单液灌浆材料是指由单一成分的浆液或在单一成分的浆液中外加剂占比不超过 10％的灌浆材料；而双液灌浆材料是指由两种或两种成分以上不同性质的材料组成且各种成分混合后可发生物理化学反应的浆液。一般特指水泥-水玻璃浆液或无机-有机复合材料。

（5）根据灌浆机理分为：渗透灌浆、挤密灌浆、劈裂灌浆、充填灌浆、界面有旋灌浆、界面无旋灌浆。

（6）根据灌浆目的分为：固结灌浆、防渗灌浆、加固灌浆、堵漏灌浆、帷幕灌浆、锚固灌浆。

（7）根据灌浆管路系统分为：单管灌浆、双管灌浆、三管灌浆、多管灌浆。

（8）根据灌浆管形式分为：针筒灌浆、钢管灌浆（钢花管灌浆）、钻杆灌浆、袖阀管灌浆。

（9）根据灌浆管的置入方式分为：钻孔灌浆、埋管灌浆、贴嘴灌浆。

（10）根据灌浆装置发生方式分为：爆破灌浆、气动式灌浆、隔膜式灌浆、往复式灌浆、脉动式灌浆、电动化学灌浆。

（11）根据灌浆部位分为：全孔灌浆、分段灌浆、孔口灌浆、孔底灌浆。

1.3 建筑工程中的应用

建筑工程中从新建建筑的地基处理、基础工程、基坑的防渗堵漏、锚杆（索）的锚固到既有建筑物基础不均匀沉降治理、房屋纠偏、基础加固、房屋渗漏水处理、结构缺陷补强及改造等，灌浆技术均发挥着不可替代的作用。在建筑工程中灌浆技术具体应用在以下方面：

(1) 地基处理。

(2) 溶（土）洞、采空区充填与加固。

(3) 基岩破碎带固结处理。

(4) 基坑支护桩桩间止水；卵砾石地层中基坑止水帷幕。

(5) 基坑止水结构缺陷漏水及涌水、涌泥、涌砂等险情处置。

(6) 锚杆、锚索锚固段的锚固。

(7) 建筑物纠偏。

(8) 梁、板、柱及房屋基础等建筑结构缺陷的加固补强。

(9) 混凝土灌注桩的后灌浆加固；混凝土灌注桩桩基缺陷的补强加固。

(10) 施工缝、结构缝等连接缝渗漏水的堵漏。

(11) 地下室侧壁、底板渗漏水的堵漏；楼面板、楼层板渗漏水的堵漏。

(12) 墙体、窗户、卫浴室、厨房及管线接驳口的防渗堵漏。

在地基处理工程中常用袖阀管法、高压旋喷法，袖阀管法灌浆灌入的浆液在地层中以渗透和挤密机理为主，浆液固结后与土体介质形成加固体，改善了土体的力学性能，灌浆过程可控、可少量多次重复进行灌浆，对周边环境影响较小。高压旋喷桩法采取高压射流旋切土体后置换部分土颗粒与浆液混合后从钻孔孔口返出，喷入地层中的浆液与切削扰动的土颗粒混合在地层中形成水泥土桩体，起到地基处理的作用，一般旋喷桩按复合地基进行考虑，土质条件较好时对低层建筑也可用作独立桩基础。

溶（土）洞、采空区的充填与加固常用钻机成孔进行全孔或分段式钢管、钢花管灌浆为主，袖阀管灌浆法亦较为常用，对溶（土）洞、采空区进行充填或对其中的充填物进行挤密达到加固的目的。

基坑支护桩桩间止水常用旋喷桩做止水结构；基坑发生渗漏水处理和涌水、涌泥、涌砂的抢险处置基本采用钻机成孔进行全孔或分段式钢管、钢花管灌浆。

锚杆、锚索锚固段灌浆采用分段式孔底灌浆。

建筑物纠偏中用的灌浆方法以全孔或分段式钢管、钢花管灌浆为主，高压旋喷桩法亦常使用。中科院广州化灌工程有限公司研发的化学灌浆联合预应力锚杆静压桩专利技术近年来在高层建筑的纠偏加固工程中显出独特的技术优势。

建筑结构从桩基、浅基础到上部结构缺陷的修复、补强、加固以及建筑各个部位的渗漏水治理，基本采用以化学灌浆为主的方法进行处理。

1.4 灌浆技术发展与展望

当今社会朝着环境友好、低碳环保、安全高效、智能化方向发展，随着化学、材料学、机械等传统学科领域的不断创新以及计算机、自动化、智能化、互联网等新兴技术领域的快速发展，使得灌浆技术得以更广泛地应用和高速发展。随着物联网技术的实际应用，灌浆技术即将进入一个以 5G 物联网技术为基础的全新发展时代。

（1）灌浆技术应用信息技术实现灌浆全过程的自控监测。在流量自动控制仪的基础上，基于大数据建立的"灌浆处理数据云管理平台"已经在具体工程中得到应用。针对灌浆工程中地质状况的不确定性及施工的隐蔽性，为提高工程质量控制和成本控制而设计研发出的一套专门帮助工程管理人员提升灌浆管理信息化水平，实现灌浆质量控制专业化、信息化的管理工具。随着 5G 物联网技术的普及，灌浆工程全过程控制的信息化、智能化必将得到越来越广泛的应用。

（2）灌浆材料方面，水溶性聚氨酯、无溶剂环氧树脂等环保型化灌材料相继研发与应用，弹性环氧树脂和弹性聚氨酯在工程施工缝与结构缝止水、补强灌浆中得到应用。此外，高强度的水玻璃浆液和消除了碱污染的中性、酸性水玻璃浆液，非石油来源的高分子浆液，新兴的无机-有机复合材料研发进展迅速，应用越来越多。微生物诱导产生碳基、钙基等固结材料进行地基处理的微生物灌浆技术也已在工程中得到了有效应用。

（3）灌浆设备方面，轻型、小型化全液压高速钻机投入使用；灌浆设备向专业化、集成化、自动化方向发展的趋势明显；高速搅拌机和各种新型止浆塞和混合器相继研发成功并得到应用；旋喷搅拌机结合取长补短，形成了旋搅桩基新设备；MJS 设备基本实现国产化，给更多的高压喷射灌浆工程带来了新的解决方案。

（4）在施工工艺方面取得了长足发展，从单一机理的劈裂（脉状）灌浆、渗透灌浆、挤密灌浆发展到应用多种材料、多种工艺的复合灌浆；从钻杆法、过滤管法发展到双层过滤管法和多种形式的双重管瞬凝灌浆法；从无序灌浆发展到袖阀、电动化学、抽水、压气和喷射等多种诱导灌浆法以及生物灌浆法；应用定向钻进、多孔同时灌浆及增大灌浆段长等综合灌浆方法，缩短了灌浆工期，加快施工速度。

（5）在灌浆效果检测方面，应用了电探测、弹性波探测、放射能探测等多种检测仪器。

由于灌浆工程属于隐蔽工程，被灌介质的复杂多样性，灌浆技术还有待于在以下方面继续加强研究：

（1）加强灌浆理论方面的研究：包括灌浆的基本理论、灌浆机理、作用与效果、灌浆工程的设计方法等。

（2）新型浆材的研究和开发：进一步研究与开发来源广、价格低、性能优越、施工方便、低碳环保、耐久性好的绿色灌浆材料。

（3）实现灌浆设备智能化、浆液制备的工厂化、操作的无人化以及现场监控的信息化是灌浆设备发展的重点方向。

（4）针对工程突发事故研发应急快速有效的灌浆工艺和灌浆材料以及对混凝土结构安全造成影响的裂缝灌浆修复技术。

（5）研制开发出能客观评价灌浆效果的检测仪器和方法，并且使其标准化，利于工程应用。

第2章
灌浆机理

灌浆的对象主要是土体、岩体和混凝土结构体三大类，灌浆材料有无机材料、有机材料和复合材料，灌浆材料按配比制成的浆液在压力作用下主要在土体的孔（空）隙和土颗粒间、岩体的裂隙和破碎带以及混凝土缺陷如孔洞和裂缝中运动，灌浆结果可提高被灌体的力学性能、改变被灌体的渗流路径、改善被灌体的物理化学性质或恢复被灌体原有的机能。因此，灌浆技术涉及工程地质学、土力学与土质学、岩石力学、结构力学、无机化学、有机化学、流体力学、渗流力学以及相应的建筑工程、水利工程、铁路工程、公路工程、地质工程等基础学科知识，这些基础知识构成了灌浆理论和灌浆机理研究的基础。

浆液在被灌体中的运动机理主要受三方面因素影响：（1）被灌体的物理、化学性质，如介质的几何形态、均匀性、密实性、渗透性、内聚力、孔隙率、裂隙率、结构、构造以及土质、岩质、化学成分等；（2）浆液自身的物理、化学性质，如浆液的化学成分、密度、黏度、粒度、相对密度、黏滞性、压缩性、膨胀性以及流变性、触变性等；（3）外界条件，如灌浆压力、环境温度、灌浆工艺等。

2.1 土体灌浆机理

土体由固体土颗粒以及赋存于土颗粒骨架之间孔隙中的液体与气体组成，土体灌浆即是在压力作用下，浆液将孔隙中的液体、气体置换排出占据其位置，或挤压固体颗粒促使土颗粒位置发生变化重新排列组合，浆液固结后最终土体与灌浆浆液构成新的组合体，形成新的土体结构。理论上，土体均具有渗透性，但实际土体中由于土颗粒的粒度、密度、密实度、孔隙率、饱和度、级配以及化学成分等存在较大差异，因此土体的渗透性能差异较大。有的土体渗透性良好，如碎石土、砾石、砾砂、粗砂；有的土体有一定的渗透性，如中砂、细砂；有的土体渗透性较差，如粉细砂、粉砂；有的土体渗透性极差，如粉土、粉质黏土、黏性土。因此，在渗透性好的土体中灌浆，浆液以渗透方式在土体中运移。在有一定渗透性或渗透性较差的土体中灌浆，浆液的渗透受阻，在灌浆压力作用下浆液对土颗粒表面的冲击使得土颗粒发生位移变化形成挤压，浆液以挤密方式在土体中运移。在渗透性极差的土体中灌浆，浆液不仅无法渗透而且因土颗粒间黏聚力大土颗粒也无法发生位移变化，在灌浆压力作用下浆液对土颗粒表面的冲击对土体产生剪切破坏，浆液以劈裂方式在土体中运移。这三种灌浆浆液在土体中的运移方式就形成了土体的灌浆机理：（1）渗透灌浆机理；（2）挤密灌浆机理；（3）劈裂灌浆机理（图 2-1、图 2-2、图 2-3）。

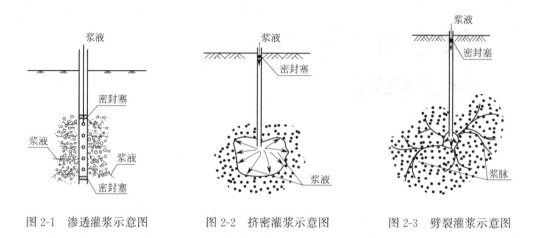

图 2-1 渗透灌浆示意图　　图 2-2 挤密灌浆示意图　　图 2-3 劈裂灌浆示意图

2.1.1 渗透灌浆机理

理论上，灌浆浆液在土颗粒骨架粒间孔隙中进行运移，将孔隙中的水和气置换排出，孔隙由浆液填充，浆液固结后将土颗粒骨架间粘结成完整的固结体，起到土体加固与止水的作用。浆液在渗透过程中，土体结构基本不受扰动或破坏，土颗粒间距离基本不变，符合流体在多孔介质中的渗流特征。

浆液从灌浆管中进入地层有两种灌入方式：（1）浆液从灌浆管管底流出进入土体；（2）浆液从灌浆管侧壁预留的灌浆孔流出进入土体。

1. 球状渗透

理想状态下，假定：（1）土体结构是连续的均质各向同性的半无限体；（2）灌浆浆液为牛顿流体，浆液渗流服从达西定律；（3）出浆口在灌浆管底部管口；（4）地下水无动水压力；（5）浆液密度与水相同；（6）浆液黏度不变。浆液以出浆口为中心向前后、左右、上下方向渗透进入地层，浆液以出浆口为圆心在地层中呈球状扩散（图 2-4）。

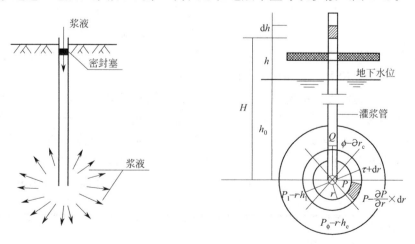

图 2-4 浆液球状扩散示意图

由达西定律可推导出球状扩散模式灌浆浆液扩散半径计算公式如下：

$$R = \sqrt[3]{r_0^2 + \frac{3khr_0t}{\beta \cdot n}} \qquad (2\text{-}1)$$

式中 k——砂土的渗透系数（cm/s）；

$\quad\ \beta$——浆液黏度对水的黏度比；

$\quad\ R$——浆液扩散影响半径（cm）；

$\quad\ h$——灌浆压力，以水头高度 cm 计；

$\quad\ r_0$——灌浆管半径（cm）；

$\quad\ n$——砂土的孔隙率；

$\quad\ t$——灌浆时间（s）。

2. 柱状渗透

在上述理想状态下，当出浆口在灌浆管侧壁时，浆液从灌浆管侧壁上的孔口流出后，沿水平方向渗透进入地层，以灌浆管为轴心在地层中呈柱状扩散（图 2-5）。

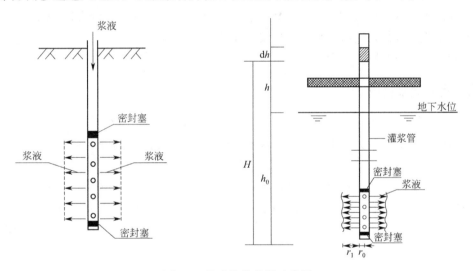

图 2-5 浆液柱状扩散示意图

柱状扩散模式出浆口断面面积大小对灌浆浆液扩散半径影响较大，由达西定律可推导出柱状扩散模式灌浆浆液扩散半径计算公式如下：

$$R = e^b r_0 \qquad (2\text{-}2)$$

$$b = \frac{2nkht}{3A\beta}$$

式中 A——出浆口断面面积（cm^2）；其余符号同前。

灌浆浆液的扩散半径是在一定工艺条件下，浆液在地层中的扩散范围，是一个重要的灌浆参数。严格意义上，灌浆浆液的扩散半径非球状或柱状实体半径的概念，如搅拌桩、旋喷桩等桩体的半径，灌浆浆液的扩散半径准确的含义应为：灌浆浆液对被灌介质的物理或化学性质发生本质变化的影响范围。

由于地层的非均质、各向异性以及浆液的多样性、时变性特点，灌浆浆液的扩散半径难以准确计算和测量。一般灌浆浆液的扩散半径与地层渗透系数、孔隙尺寸、灌浆压力、浆液本身的特性等因素有关，可通过调整灌浆压力、浆液的黏度和极限灌浆时间来调整灌浆浆液的扩散半径。

3. 充填灌浆

当孔隙尺度足够大时，孔隙可称之为空隙，浆液在其中的渗透所受土颗粒骨架阻力较小，以充填空隙空间为主，因此将浆液在大空隙中的渗透灌浆又称为充填灌浆，为渗透灌浆的一个特例。土体中若有土洞存在，对土洞的灌浆处理以及卵砾碎石地层中土颗粒间的空隙灌浆，均可看成充填灌浆。有所不同的是土洞空隙基本是独立存在，而卵砾碎石地层中空隙基本呈连通状态。

4. 电化学灌浆

电化学灌浆也属渗透灌浆的一种类型。它是利用正负电极原理，在土体中插入带孔的可导电的灌浆管，当给灌浆管施加直流电流时，一方面土体中的地下水在电流作用下产生由正极向负极的定向流动排出，促使加固区域土体中的含水量降低；另一方面灌浆浆液也在电流的作用下从正极流向负极，浆液从灌浆管上的小孔中流出渗入到加固区域的孔隙中，因此电化学灌浆是电渗排水法与灌浆法相结合的一种灌浆方法，一般用于渗透性较差的粉细砂、粉土或粉质黏土中灌化学浆液。

2.1.2 挤密灌浆机理

有一定渗透性或渗透性较差的土体，虽然浆液在其中的渗透受阻，但土颗粒间的黏聚力相对不大，在灌浆压力作用下不断灌入的浆液，在出浆口处由于无法快速地渗透进入土体，逐渐聚集形成的"浆泡"对土颗粒产生的挤压力克服了颗粒间的黏聚力，使得受到挤压的土颗粒位置发生位移变化重新进行排列组合，受力所及的土颗粒又挤占与其相邻的土颗粒的位置，以此类推，逐级向周围的土颗粒产生挤压作用力，在外围土体围压的反向阻力作用下，土颗粒几何位置的变化势必将土体中土颗粒骨架间的气体、水体甚至微细土颗粒挤压、排挤和释放到其他空间，作用力范围内的土体介质被置移与压密，土体压缩从而改变了力学性能。

2.1.3 劈裂灌浆机理

对于渗透性极差的土体，由于渗透系数很小，一般视为弱透水层或隔水层，且这类土体土颗粒粒度微小、黏聚力大，土体结构致密，如果没有达到一定的灌浆压力，浆液的挤压作用力也克服不了土颗粒间的黏聚力，颗粒的位置无法移动更别说浆液在土层中渗透了。当灌浆压力超过土颗粒黏聚力的临界值时，由于土颗粒既无法被移动、浆液又无法渗透，浆液只能先向土体中阻力最小的方向运移，产生的脉状射流扰动土体结构引起土体的剪切破坏，从而形成脉状的浆液通道，犹如在土体中"劈开"了一条新的裂隙，产生新的剪切应力面，在压力作用下浆液沿该剪切面流动直至遇到新的阻力，当通道前端土颗粒的阻力大于灌浆压力时，浆液又从次一级阻力小的方向劈开又一条新的裂隙，形成新的脉状通道，以此类推，根据灌浆压力的大小，在土体中形成了网格状的浆脉，改善了土体的物理力学性能，起到了加固土体的作用（图 2-6）。

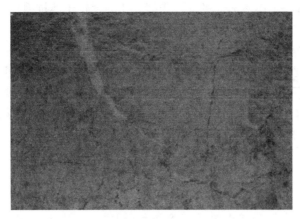

图 2-6　黏性土中劈裂灌浆的浆脉

2.1.4　影响土体灌浆机理的主要因素

实际工程中，土体灌浆是一个非常复杂的过程，灌浆浆液在土体中的运动受三方面因素的制约，一是土体结构和土质，二是浆液本身的物理化学性质，三是外部条件。上述三种灌浆机理，均是理想状况灌浆浆液在土体中运动的方式，随条件的变化可发生转换或共同作用。

1. 土体结构对灌浆的影响

若浆液不变、压力不变、环境温度不变，影响灌浆机理的主要因素为粒度。（1）粒度大、渗透性好、孔隙比和孔隙率大、致密性差的土体以渗透灌浆为主；（2）粒度中等、渗透性一般、孔隙比和孔隙率适中、致密性稍差的土体以挤密灌浆为主；（3）粒度微小、渗透性差、孔隙比和孔隙率较小、黏聚力大的土体以劈裂灌浆为主。

2. 浆液对灌浆的影响

若土体结构和性质不变、压力不变、环境温度不变，影响灌浆机理的主要因素是浆液的性质。（1）悬浮液浆液主材由无机颗粒状材料构成，颗粒材料粒度大小影响灌浆结果；（2）溶液型浆液由分子单体或低聚物与其他助剂所组成的化学材料构成，虽然没有粒度的影响但不同分子结构的浆液灌浆结果也不同。因此，在其他条件不变的情况下，土体灌浆以何种形式进行首先取决于灌浆材料的性质。

对悬浮液浆液：（1）颗粒粒度越大，渗透性越差；粒度越小，渗透性越好。（2）浆液的浓度、密度越大，渗透性越差；浓度、密度越小，渗透性越好。浆液的流变性、触变性越大，渗透性越好，反之渗透性越差。

溶液型浆液分子结构间化学键作用力越大，浆液的黏度越大，渗透性越差；作用力越小，浆液的黏度越小，渗透性越好。浆液的接触角越小，表面张力越小，渗透性越好；接触角越大，表面张力越大，渗透性越差。

3. 压力对灌浆的影响

外界条件中灌浆压力的影响最大，对同样的浆液而言：（1）若被灌土体渗透性良好或可渗透，则压力越小，越容易产生渗透效应；压力越大，越容易产生挤压或劈裂效应。（2）若被灌土体渗透性较差，则压力越小，越容易产生挤压效应；压力越大，越容易产生劈裂效应。（3）若被灌土体渗透性极差，当灌浆压力超过土体抗剪切强度后直接产生劈裂效应。

4. 温度对灌浆的影响

外界条件中温度对浆液黏度的影响较大，温度高，浆液的黏度低，可灌性就好；温度低，浆液的黏度高，可灌性就差。需注意的是大多数浆液温度越高其固化速度也越快，固化速度快意味着浆液由液态转为固态的时间短，又制约了浆液的可灌性。因此浆液都有一个适宜的温度范围，高于或低于这个适宜的范围，都会对浆液的可灌性产生影响。

2.1.5 土体灌浆的综合作用

土体灌浆三种机理均是在理想状态条件下产生，实际地层土体基本为非均质各向异性，除水以外绝大部分液体属非牛顿流体，浆液在土体中的运动呈紊流状态。因此，土体灌浆的渗透、挤密和劈裂是相互作用的综合过程。渗透灌浆、挤密灌浆和劈裂灌浆三者既可相互独立，也可为一个灌浆过程的不同阶段。以在可渗透的粗砂中灌浆为例，在灌浆初始阶段，只需较低的压力就可将浆液灌入土中，浆液在土体中一定范围内渗透充填孔隙，当灌浆点周围土体被浆液充填趋于饱和时，若压力维持不变，浆液就无法继续在孔隙中渗透；若增大灌浆压力，浆液就会把压力传递到渗透饱和范围之外对土体产生挤压作用，土颗粒被挤密；当灌浆压力持续增大超过挤密范围土体的围压阻力时，土体在压力作用下将发生劈裂，产生新的孔隙或者裂隙通道，而浆液的扩散范围也将进一步增大。

灌浆压力是灌浆技术中非常重要的施工参数。一般情况下，若灌浆起始压力较小且灌浆过程无大的变化时，说明地层的渗透性好或地层的孔隙较大；若灌浆压力逐步增加呈平稳上升状态时，说明地层渗透性一般但较为均匀；若灌浆压力波动较大，说明地层的均匀性较差；若灌浆压力瞬间增大，排除设备原因外，说明浆液周边的土体已经达到饱和或者密实度已经较大。

当灌浆压力足够大时，即使在可渗透的地层中，也可直接以劈裂方式进行灌浆，如高压喷射灌浆，在将压力劈裂范围内的土体结构破坏的同时，将浆液灌入土体内与土体重新排列组合，浆液在土体内既渗透、压密又劈裂。

当浆液的粒度、浓度或黏度足够大时，即使在可渗透的地层中，也可直接以挤密或劈裂的方式进行灌浆；同理，当浆液的粒度、浓度或黏度足够小时，即使在适宜挤密或劈裂的地层中，也有可能产生渗透方式的灌浆。此外，灌浆的速率、灌浆量等均可对土体中灌浆的方式产生影响。

总之，灌浆浆液在土体中的扩散过程较为复杂，受被灌地层、灌浆材料、灌浆参数等因素影响，土体中三种灌浆机理随条件的变化可发生转换，灌浆是以综合的方式共同发挥作用。

2.2 岩体灌浆机理

岩体是指由在地质历史和地质环境中经受过地质构造作用、风化侵蚀作用和内外动力作用形成的结构面和岩石组成的地质块体，具有不连续、非均质和各向异性的典型特征。岩体中结构面类型有：（1）岩层面；（2）断层面；（3）节理面；（4）片理面。岩体中岩石在工程中常按风化程度划分为：（1）全风化岩；（2）强风化岩；（3）中风化岩；（4）微风化岩。

2.2.1　风化岩体的特征

（1）全风化岩的原岩结构已经完全破坏，除石英等极少数硬质矿物外，岩石的矿物成分已发生改变，风化成新的次生矿物，在外力作用下岩体结构与土体基本相同，原岩若是泥岩则全风化带呈软土状，透水性弱，可灌性差；原岩若是砂岩则全风化带呈砂土状，孔隙发育，透水性强，可灌性好。因此在工程上一般将全风化岩视为土体进行处理。

（2）强风化岩的原岩结构大部分破坏，大部分矿物成分显著改变，风化的节理、裂隙发育，岩体基本破碎，但岩体的基本特征尚在。原岩若是泥岩则强风化带泥化强烈，呈黏性土状，裂隙被充填，透水性弱；原岩若是砂岩则强风化带孔隙与不规则裂隙共存，裂隙被部分充填，透水性较好。

（3）中风化岩的原岩结构部分破坏，有少量次生矿物沿节理面生成，有较明显的风化裂隙，岩体结构基本完整。原岩若是泥岩则中等风化带裂隙微张，连通性一般，有一定透水性；原岩若是砂岩则中等风化带不规则裂隙发育，呈脉状分布，裂隙开度大，透水性较好。

（4）微风化岩的原岩结构基本未变，呈块体结构，仅在原岩内部存在少量的节理面，受风化作用影响非常小，工程上对微风化岩一般不做处理。

2.2.2　岩体灌浆的特点

岩体灌浆主要是针对强风化岩和中风化岩中的软弱结构面如节理面、裂隙通道，通过灌浆浆液在裂隙中的运移和填充，起到封闭裂隙通道防渗止水、提高岩体整体强度的目的。

根据岩体的风化特征，在岩体中灌浆有如下特点：

（1）岩体灌浆主要针对裂隙等软弱结构面，由于岩体的裂隙率比土体的孔隙率小1～2个数量级，因此灌浆的空间有限。

（2）裂隙空间分布不均，多呈脉状分布，灌浆浆液先沿阻力最小的主裂隙运移填充，呈独立的脉状流动。在压力作用下主裂隙中浆液充填遇到可抵御灌浆压力的阻力时，浆液才会向次一级裂隙方向运移。只有主次不同、大小不同的各层级裂隙组成裂隙网络时，才会形成岩体裂隙灌浆的渗流场。

（3）岩体由于裂隙的性质及发育的方向性而具有各向异性和不连续性，灌浆浆液总体受岩体中主裂隙控制，在局部或次级裂隙中浆液的流向与浆液总流向可能出现不一致。

（4）灌浆效果取决于岩体裂隙的裂隙率、连通性以及裂隙的充填状况和灌浆压力、浆液性质等，岩体灌浆工程的设计，应充分考虑裂隙岩体渗透性的不均一性、各向异性和尺度效应。

2.2.3 强风化岩灌浆机理

原岩为泥岩的强风化岩，虽然风化程度高，裂隙发育，但泥化强烈，风化岩基本呈黏性土状，裂隙基本被泥化物充填，可灌性较差，灌浆以劈裂形式进行；原岩为砂岩的强风化岩，岩石碎屑与块状岩石都有，孔隙与不规则裂隙共存，形成孔隙-裂隙双重介质，由于强风化作用，孔隙与裂隙被部分充填，但岩体的可灌性尚好，灌浆以渗透与劈裂机理共同作用。

2.2.4 中风化岩灌浆机理

原岩为泥岩的中风化岩，虽然有较明显的风化裂隙，但由于岩体以黏土矿物为主，质地较软，影响了风化裂隙的张开度，裂隙呈微张状态，因此可灌性一般，灌浆以劈裂和渗透形式进行；原岩为砂岩的中风化岩，裂隙发育较明显，裂隙有一定的开度，可灌性较好，灌浆以渗透形式为主。

2.2.5 岩溶溶洞灌浆机理

溶洞是水在石灰岩地区长期侵蚀作用的结果，石灰岩的主要矿物成分是难溶于水的碳酸钙，但碳酸钙与水、二氧化碳反应后生成易溶于水的碳酸氢钙，当自然界中含有二氧化碳的地表水下渗及地下水长期侵蚀石灰岩产生的碳酸氢钙溶于水流失后，在灰岩中就形成了溶蚀后的孔洞，称为溶洞。

由于是岩石被溶蚀后的孔洞，难免会在溶洞中留下残留物质，根据溶洞中是否有残留物充填，将溶洞分为全充填、半充填和未充填三种状态。如需对溶洞采取灌浆方法进行处理，根据溶洞内充填物的状态，灌浆机理以劈裂灌浆和充填灌浆或二者结合的方式为主。溶洞灌浆是岩体灌浆的一个特例（图 2-7）。

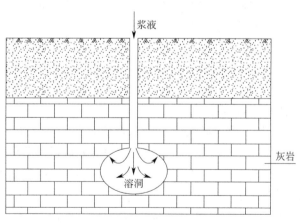

图 2-7 溶洞灌浆示意图

（1）对全充填的溶洞，由于全充填物多为可溶岩石矿物的残留物，在水的长期浸泡、侵蚀作用下，大多已似黏性土状，呈流塑状软土，因此灌浆以劈裂机理为主。

（2）对半充填的溶洞，由于溶洞未完全充满残留物，有一定的空洞存在，因此灌浆先以充填方式进行，待空洞填充密实后灌浆浆液才会以劈裂方式进行。

（3）对未充填的溶洞，由于溶洞基本无充填物，灌浆就以充填方式进行。

2.2.6　采空区灌浆机理

采空区一般指由于矿山开采形成的地下空洞所对应的地下和地面区域。由于煤矿分布区域广、开采量大，如无特别说明，采空区常指开采煤矿后形成的空洞区域。对于已经开采多年的煤矿或者已经废弃的采场、硐室、巷道等旧矿山，所形成的采空区更具隐蔽性强、空间分布规律差、采空区顶板易冒落、塌陷等特点，如地下开采后未及时对采空区进行处理，将给相应的地面区域带来严重的安全隐患。

采空区处理分为两部分，一部分是对空洞空间的填充，另一部分是对上覆顶板因下陷产生的变形裂缝和崩塌、塌落的岩石碎块进行固结。因此，在采空区灌浆以充填灌浆、渗透灌浆和挤密灌浆或者三种灌浆的共同作用为主。对空洞空间是充填灌浆；对岩体裂缝以渗透灌浆为主；对岩石碎块则以渗透灌浆和挤密灌浆为主。采空区灌浆是岩体灌浆的另一个特例（图 2-8）。

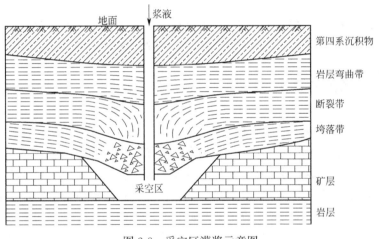

图 2-8　采空区灌浆示意图

（1）对地下采空区上覆岩层变形带，岩体裂隙发育，灌浆浆液主要沿裂隙渗透，先在开度大的裂隙中运移；在压力作用下，当浆液渗透遇到可抵御灌浆压力的阻力时，浆液向开度较小的次一级裂隙方向运移，与岩体裂隙灌浆机理相同。

（2）对地下采空区上覆岩层崩塌带，灌浆的主要目的是固结崩塌的岩石块体和碎屑，同时堵塞通过上覆岩体裂隙下渗的地下水通道，因此灌浆浆液在采空区崩塌带中主要以渗透和挤密方式运移。

（3）对地下采空区开采区域，由于采空区开采区域系人为所致，无论是废弃已久的矿坑或是新近开采完留下的矿坑坑道，即使有上覆岩体的崩塌碎石充填其中，整个采空区坑道基本呈较大的空洞，灌浆过程与未充填或半充填溶洞灌浆方式基本相同。

2.2.7　岩体灌浆的综合作用

与土体灌浆类似，由于实际岩体裂隙的复杂性，岩体灌浆的渗透、挤密和劈裂是相互作用的综合过程，往往不是单一的一种机理所能完成，渗透灌浆、挤密灌浆和劈裂灌浆三者既可相互独立，也可为一个灌浆过程的不同阶段。当岩体中裂隙开度较大时，在灌浆初始阶段，只需较低的压力就可将浆液灌入裂隙之中，浆液在裂隙中一定范围内渗透充填裂隙；当灌浆浆液渗透趋于饱和时，若压力维持不变，浆液就无法继续在裂隙中渗透；若增大灌浆压力，浆液或继续克服裂隙通道的阻力沿裂隙渗透，或寻找临近的次一级裂隙进行渗透。若岩体中存在风化碎屑物时，可产生对碎屑物的渗透与挤压作用；若风化物呈黏性土质情况下，则当灌浆压力持续增大超过岩体的围压阻力时，风化岩体在压力作用下将发生劈裂，产生新的裂隙通道，而浆液的扩散范围也将进一步增大。

　　岩体灌浆的灌浆压力同样也是非常重要的施工参数。一般情况下，若灌浆起始压力较小且灌浆过程无大的变化时，说明岩体的裂隙开度较大且充填物较少，裂隙较为发育；若灌浆压力逐步增加呈平稳上升状态时，说明岩体裂隙渗透性一般但裂隙较多且较为均匀；若灌浆压力波动较大，说明岩体裂隙的均匀性较差；若灌浆压力瞬间增大，排除设备原因外，说明灌浆浆液在岩体中已经达到饱和或者裂隙开度较小、不发育。

　　总之，实际工程中岩体灌浆受到岩体的结构、岩体岩性、裂隙发育程度、裂隙中的充填情况、灌浆材料、灌浆参数等因素综合影响，整个灌浆过程较为复杂。

2.3　混凝土缺陷灌浆机理

　　混凝土缺陷灌浆主要针对混凝土结构构件缺陷（如贯穿性裂缝、构件内部的蜂窝、孔洞）进行。与土体灌浆和岩体灌浆不同，对混凝土缺陷灌浆并不能使被灌混凝土的性质产生质的改变，浆液在混凝土缺陷部位充填空（缝）隙、胶结骨料，起防渗堵漏、补强加固的作用，可修复混凝土结构缺陷、恢复结构的整体性。根据流体力学原理，灌浆浆液在混凝土裂缝或内部孔洞中运移可视为在压力作用下浆液于两块具有一定间隙的平行平板间或一圆管中进行流动，浆液运移的阻力来自浆液的内摩擦力、前进方向的阻力和侧壁的摩擦力（图2-9）。若孔洞或裂缝中有充填物，灌浆前需采用水冲或气冲的方式将充填物清理干净。对开度大的孔洞或裂缝，灌浆浆液以充填形式运移；对开度小的孔洞或裂缝，灌浆浆液以渗透方式运移。由此可见，混凝土结构构件缺陷的灌浆机理基本符合渗透和充填的

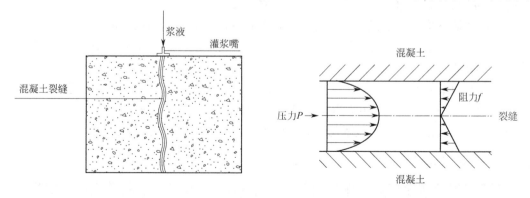

图 2-9　混凝土裂缝灌浆示意图

机理性质。

　　虽然灌浆技术已在土木工程领域得到了广泛的应用，但灌浆过程十分复杂，在土体、岩体和混凝土缺陷中灌浆既有相似之处又各自有不同的特点，涉及材料学、地质学、土力（质）学、有（无）机化学、流体力学、结构力学等多学科，工程实践超前、理论研究相对滞后，有关灌浆机理的研究还不够深入。因此，对灌浆机理理论应加强研究，在灌浆反应方式、浆液运移机制、灌浆体耐久性和强度理论等方面还有待进一步突破。

第3章
灌浆材料与设备

灌入岩（土）体、混凝土缺陷等目标体，以提高被灌体物理力学性能、恢复被灌体性状、堵塞渗漏水通道等为目的的可由液相转变为固相的材料，通称为灌浆材料。

灌浆材料从大类上可分为以水泥类材料为代表的无机类灌浆材料和以高分子化学材料为代表的有机类灌浆材料。

灌浆材料一般由主剂（原材料）、溶剂（水或其他溶剂）以及外加剂按比例混合调配而成。

3.1　无机类灌浆材料

无机类灌浆材料以水泥为代表，主要由基料（水泥）、水、外加剂和其他胶凝材料，按照一定比例配制而成，属颗粒状溶液。依据胶凝材料和所添加的外加剂，目前建筑工程中常用的无机类灌浆材料主要有：（1）水泥灌浆材料；（2）超细水泥灌浆材料；（3）水泥基高强聚合物灌浆材料；（4）水泥-水玻璃灌浆材料；（5）水泥-膨润土灌浆材料；（6）水泥-粉煤灰灌浆材料；（7）水泥膏浆灌浆材料；（8）水玻璃类灌浆材料等。该类灌浆材料具有来源广、造价低、耐久性强，浆液结石体强度高、抗渗性能好等优点，由于水泥属颗粒状材料，难以注入微细裂隙，其工程应用受到一定的影响。

硅酸钠水溶液（$Na_2O \cdot nSiO_2$）即工程中称为水玻璃的灌浆材料，因其浆材黏度低、可灌性好、无气味、凝固时间可调节等优点，在工程中被广泛使用。特别是对基坑渗漏水或涌水、涌泥、涌砂进行封堵等抢险工程中，与水泥复合形成的水泥-水玻璃浆液目前仍然是工程的首选材料。本书按业界的应用习惯将水玻璃归于无机类灌浆材料之中。

3.1.1　无机类灌浆材料主要性能

无机类灌浆材料属颗粒状材料，对此类材料性能影响的指标主要有：

（1）水灰比：浆液中溶剂（水）的质量与主剂（水泥）的比值，反映浆液的配合比。

（2）比重（相对密度）：浆液中固体颗粒材料的质量与浆液总体积的比值，反映浆液中主剂含量的指标。

（3）浓度：浆液中固体颗粒材料的质量与浆液质量的比值，反映浆液的稀稠程度。

（4）黏度：度量浆液黏滞性大小的物理量，一般浆液水灰比越大，黏度就越小。材料的细度越高，黏度就越大。

（5）胶凝时间：浆液固结时间的快慢。一般分为初凝时间和终凝时间。

（6）强度：固结体承受外力的能力，是固结体重要的物理力学指标之一。影响结石强度的因素包括原材料、掺合料、水灰比、配合比等。对无机类灌浆材料，工程中抗压强度用得较多。

（7）渗透性：反映固结体的抗渗能力，是灌浆工程一个非常重要的性能指标。

（8）收缩性：反映浆液固结后固结体体积变化。潮湿养护的浆液，不仅不会收缩还可能稍有膨胀，而干燥养护的浆液就可能发生收缩，进而产生微细裂缝，影响灌浆效果。

（9）析水性：反映浆液的泌水性能。析水性大，则浆液在固结过程中过早失水，导致固体颗粒过早沉淀，固结体固结不均匀；析水性小，则浆液固结的结石率降低，在固结体中易形成空隙，影响固结体的强度。

（10）分散度：反映浆液的表面吸附能力大小并影响浆液的物理力学性能。一般分散度越高，浆液的比表面积越大，可灌性就越好。

3.1.2　水泥类灌浆材料

水泥类灌浆材料以水泥浆液为主，随着灌浆技术推广应用，辅以膨润土、粉煤灰、硅灰等无机材料与水泥浆液混合，形成复合型水泥灌浆材料。

3.1.2.1　水泥灌浆材料

水泥品种有硅酸盐水泥、普通硅酸盐水泥、抗硫酸盐水泥、铝酸盐水泥和硫铝酸盐水泥等。铝酸盐水泥因其性能在灌浆工程中没有使用；硫铝酸盐水泥虽有早强、耐腐蚀等特点，但因生产产能太低、成本过高等，亦较少在工程中应用；抗硫酸盐水泥仅在特定环境中有应用且生产成本较高。灌浆工程中应用最普遍的是硅酸盐水泥和普通硅酸盐水泥，尤以普通硅酸盐水泥应用最广。

1. 硅酸盐水泥和普通硅酸盐水泥灌浆材料

硅酸盐水泥和普通硅酸盐水泥的化学与矿物组成成分、生产方式、水化特性等基本相同，区别仅为水泥熟料＋石膏及混合料（石灰石、粉煤灰、火山灰、矿渣等）的含量、掺合量比例不同，反映在个别的物理化学性能上略有差异（如烧失量、不溶物含量、水化反应胶凝时间、强度等方面），而普通硅酸盐水泥因混合料掺比含量大，混合料的利用可消耗工业废弃物且来源广泛，凝胶体强度较高，因而目前在各类工业与民用建筑工程更被广泛应用，灌浆工程也不例外，目前水泥灌浆浆液大多使用普通硅酸盐水泥。

1）普通硅酸盐水泥灌浆材料配比

普通硅酸盐水泥灌浆材料浆液的配比一般用水灰比（W/C）表示，灌浆工程中常用的普通硅酸盐水泥浆液配比（质量比）见表 3-1，仅供参考。

普通硅酸盐水泥灌浆材料配比　　　　　表 3-1

水灰比（W/C）	水泥（袋）	水（L）	制成浆量（m³）	备注
0.5：1	24	600	1.000	
0.6：1	22	600	1.026	
0.75：1	19	712	1.029	以每袋水泥50kg计算
1：1	15	750	1.000	
1.25：1	13	812	1.029	
1.5：1	11	825	1.008	
2：1	9	900	1.050	

2）普通硅酸盐水泥灌浆材料性能

普通硅酸盐水泥浆液在灌浆工程中的性能指标主要有浆液水灰比、黏度、密度、结石率、凝结时间、抗压强度等（表 3-2）。

普通硅酸盐水泥灌浆材料的基本性能　　　　　表 3-2

水灰比（W/C）	黏度（s）	密度（g/cm³）	结石率（%）	凝结时间		抗压强度（MPa）			
				初凝	终凝	3d	7d	14d	28d
0.5：1	139	1.86	99	7h40min	12h36min	4.14	6.46	15.30	22.00
0.75：1	33	1.62	97	10h47min	20h33min	2.43	2.60	5.54	11.27
1：1	18	1.49	85	14h56min	24h27min	2.00	2.40	2.42	8.90
1.5：1	17	1.37	67	16h52min	34h47min	2.04	2.33	1.78	2.22

注：1. 采用 42.5 普通硅酸盐水泥；

　　2. 测定数据为平均值；

　　3. 强度为 28d 龄期。

2. 超细水泥灌浆材料

超细水泥是为弥补硅酸盐水泥（普通硅酸盐水泥）无法灌入较细裂隙或粉细砂层的不足而制备的一种粒度极小的水泥制品，采用干法或湿法工艺对硅酸盐水泥（普通硅酸盐水泥）进行碾磨加工而成，其颗粒最大粒径不超过 $12\mu m$。超细水泥比表面积相当大，因而在非常细小的裂隙中或粉细砂层中的渗透能力远高于普通硅酸盐水泥。

水泥细度的大小是反映水泥分散程度和水化活性的重要指标。一般细度越大，比表面积越大，水化速度越快，凝结速度也越快，早期强度越高；但比表面积的增大，导致析出的水量也减少，浆液中的水分不易排出，结石体后期强度受到影响。而且细度的提高是不断对水泥颗粒进行碾磨，结果导致生产的能耗增加，相应的成本也大幅增加。因此，水泥细度应控制在一定范围内，并不是越细越好。

1）超细水泥灌浆材料配比

由于超细水泥比表面积很大，同等条件下为增加流动性就需增加水的用量，而水灰比增大又会影响结石体的强度，因此超细水泥灌浆材料的水灰比应根据被灌体的性质，在按照表 3-1 的常规水灰比基础上，适当增加用水量且控制在一定范围内。为了不影响灌浆后结石体的强度同时又保持超细水泥高渗透的特性，往往需要掺入减水剂来增加浆液的流动性。

2）超细水泥灌浆材料性能

超细水泥浆液在灌浆工程中的性能指标主要有浆液水灰比、密度、凝结时间、抗压强度等（表3-3）。

湿磨超细水泥灌浆材料基本性能　　　　　　　表3-3

水灰比 （W/C）	黏度 （s）	密度 （g/cm³）	凝结时间		抗压强度（MPa）			
			初凝	终凝	3d	7d	28d	90d
0.6:1	139	1.71	5h55min	7h10min	16.8	34.2	37.3	37.5
0.8:1	33	1.59	7h2min	8h40min	10.3	20.9	23.5	25.8
1:1	18	1.50	7h53min	9h3min	12.3	20.5	23.1	24.5

干法制备的超细水泥存储和运输条件要求高，易吸潮变质，实际应用时受到现场条件的影响较大。湿法制备虽克服了干法制备的问题，但湿法制备的超细水泥浆材须在施工现场湿磨，质量难以保证且制备好的浆液需立即进行灌浆施工。

3.1.2.2 水泥-水玻璃灌浆材料

水泥-水玻璃灌浆材料（也称CS浆液），是以水泥浆液、水玻璃等为主要组分，二者按照一定比例采用双液方式注入，必要时加入速凝剂和缓凝剂所制成的具有胶凝作用的灌浆材料。水泥-水玻璃灌浆材料用途极其广泛，使用效果良好。水泥本身的凝结和硬化主要是水泥水化析出胶凝性的胶体物质所引起的，在硅酸三钙的水化过程中产生氢氧化钙：

$$3CaO \cdot SiO_2 + nH_2O == 2CaO \cdot nSiO_2 \cdot (n-1)H_2O + Ca(OH)_2$$

水泥浆液与一定数量的水玻璃浆液混合后发生化学反应，生成了具有一定强度的凝胶体-水化硅酸钙：

$$Ca(OH)_2 + Na_2O \cdot nSiO_2 + mH_2O \longrightarrow CaO \cdot nSiO_2 \cdot mH_2O + 2NaOH$$

水泥本身的水解化学反应较慢，而水泥与水玻璃混合后的反应较快。

1）水泥-水玻璃灌浆材料配比

水泥-水玻璃灌浆材料浆液配比如表3-4所示。

水泥-水玻璃灌浆材料浆液配比　　　　　　　表3-4

原料	规格要求	作用	用量
水泥浆液	普通硅酸盐水泥或矿渣硅酸盐水泥	主剂	水泥浆液水灰比常用0.6:1~1:1
水玻璃	模数:2.4~3.4浓度:30~45°Bé	主剂	水泥浆与水玻璃的体积比20%~100%；二者常用的体积比40%~80%为最佳
氢氧化钙	工业级	促凝剂	0.05~0.20
磷酸氢二钙	工业级	缓凝剂	0.01~0.03

使用缓凝剂时，必须注意加料顺序和搅拌、放置时间。加料顺序为：水→缓凝剂溶液→水泥；搅拌时间应不少于5min，放置时间不宜超过30min。

2）水泥-水玻璃灌浆材料性能

水泥-水玻璃灌浆材料是基坑涌水封堵的首选浆材，在灌浆材料中占有重要地位，其性能特点：

（1）胶凝时间可控制在几秒至十几分钟范围内，黏度增长曲线具有突变性，反映在浆液从流动性到黏稠静止状态具有突变的特点，有利于封堵较大流量的涌水，但固结体的耐久性较差，封堵后应尽快进行混凝土衬砌等或以普通水泥灌浆材料等进行补灌，形成整体的封堵效果；

（2）结石率为 100%；

（3）结石体抗压强度主要取决于水泥浆液的水灰比，并与水玻璃溶液的浓度以及水玻璃与水泥浆液的比例有关，一般结石体的抗压强度较高，可达 5.0～20.0MPa；

（4）结石体抗渗性能与水玻璃浓度、水泥浆液的体积比等因素有关，总体来看结石体的渗透系数一般小于 10^{-6}cm/s，抗渗压力大于 0.4MPa；

（5）可用于 0.2mm 以上裂隙和 1mm 以上粒径的砂层灌浆；

（6）材料来源广泛，价格较低；

（7）结石体对地下水和环境无污染。

虽然存在固结体后期强度衰减且有收缩等现象，但水泥-水玻璃浆材材料来源广泛、成本较低，工程应用较为成熟，因此水玻璃类灌浆材料目前在工程上最常用的仍然是水泥-水玻璃浆液。

3.1.2.3 水泥-膨润土灌浆材料

水泥-膨润土灌浆材料是以水泥浆液、膨润土等为主要组分制成的稳定型浆液。在特定条件如中粗砂层中地下水水力坡度较大、动水明显等情形下使用水泥-膨润土浆液，可弥补普通水泥浆、水泥-水玻璃浆液在动水时易流失的缺陷。

膨润土的主要矿物是蒙脱石，其晶格与晶格之间连接力很弱，水分子可大量进入晶格之间而产生膨胀，浆液的吸水性极强，在水中可分散搭接成网络结构，并使大量的自由水转变为网络结构中的束缚水，形成非牛顿液体类型的触变性凝胶。它的黏度对于悬浮液体系的稳定性具有重要影响，并与剪切速度变化有关。搅动时，网络结构破坏，凝胶转化为低黏滞性的悬浮液；静止时，恢复到初始凝胶网络结构的均相塑性体状态，黏度逐渐增大。在外力作用下悬浮液与胶体可以互相转化，这就是掺加膨润土后浆液触变性变好的原因，加入膨润土的浆液黏度上升，保水性能提高，触变性能变好，起到防渗和调节固结体变形特性的作用；水泥主要用来形成固结体的最终强度。水泥和膨润土的相互作用使浆液最终形成具有一定强度、抗渗性能良好的固结体，在相同的水灰比下，随着膨润土掺量的增加，抗压强度和抗折强度都减小；而在相同的膨润土掺量下，强度随着水灰比的增大而减小。

1）水泥-膨润土灌浆材料配比

水泥-膨润土灌浆材料浆液常用的配比：水灰比为 0.7～1.0，膨润土掺量为水泥质量的 0.5%～5.0%。该灌浆材料可以应用于对强度要求不高的防渗漏工程中，既能防渗又能应对沉降形变。

2）水泥-膨润土灌浆材料性能

水泥-膨润土灌浆材料是一种有别于普通水泥浆的水基浆体，具有特殊的物理力学性能。它像泥浆，可以起到固壁作用；同时它还可以自行硬化达到足够的强度和抗渗性。水泥-膨润土灌浆材料性能特点：

（1）泌水较少，整体稳定性较好，灌浆过程中无多余的水析出；

（2）抗渗性能好，结石体渗透系数一般在 $1 \times 10^{-6} \sim 1 \times 10^{-7}$ cm/s 之间；

（3）强度等力学性能取决于水泥的水灰比和膨润土的掺入量；

（4）可用于较大的裂隙或中粗砂层的灌浆；

（5）材料来源广泛，价格适中；

（6）对地下水和环境无污染。

3.1.2.4 水泥-粉煤灰灌浆材料

水泥-粉煤灰灌浆材料是以水泥浆液、粉煤灰等为主要组分制成的稳定型浆液。粉煤灰颗粒呈多孔型蜂窝状组织，孔隙率高达 $50\% \sim 80\%$，比表面积较大，具有较高的吸附活性及很强的吸水性。

水泥-粉煤灰灌浆材料，综合利用水泥的水化作用和粉煤灰的活性，减少了用水量，改善了拌合物的和易性；增强了灌浆材料可灌性；减少水化热、热能膨胀性；提高了抗渗能力。

1）水泥-粉煤灰灌浆材料配比

水泥-粉煤灰灌浆材料常用配比：水灰比为 $0.7 \sim 1.0$，粉煤灰掺量为水泥质量的 $5\% \sim 40\%$。

2）水泥-粉煤灰灌浆材料性能

水泥-粉煤灰灌浆材料是一种泌水少、整体性好的稳定型浆液，其性能特点：

（1）析水率少，整体性好，浆液稳定；

（2）粉煤灰掺量增加，固结体的抗渗性能下降；

（3）粉煤灰掺量增加，固结体强度减小；

（4）材料来源较广，价格适中；

（5）对地下水和环境无污染。

3.1.2.5 水泥膏浆灌浆材料

水泥浆液中掺入混合料形成混合浆液，一般当混合浆液的屈服强度 $\geqslant 20$Pa 时称混合浆液为水泥膏浆，常根据混合浆液的流动是否呈蠕动、堆积，是否呈膏状来进行简易判断。根据外加混合料的不同又分为普通水泥膏浆、快固型水泥膏浆、高触变抗水膏浆和快固型高触变抗水膏浆四种类型。常用的混合料有黏土、膨润土、粉煤灰及特殊的外加剂如铝酸盐水泥、硫铝酸盐水泥、外加剂（减水剂、增稠剂、膨胀剂、速凝剂）等。

1）水泥膏浆灌浆材料配比

（1）普通水泥膏浆灌浆材料配比视膏浆的组成成分不同而略有差异：

①纯水泥膏浆：水灰比 $0.4 \sim 0.5$；

②水泥-膨润土膏浆：水灰比 $0.5 \sim 0.8$，膨润土掺量为水泥质量的 $5\% \sim 15\%$，外加剂适量；

③水泥-粉煤灰膏浆：水灰比 $0.5 \sim 0.8$，粉煤灰掺量为水泥质量的 $10\% \sim 40\%$，外加剂适量；

④水泥-黏土膏浆：水灰比 $0.5 \sim 0.8$，黏土掺量为水泥质量的 $5\% \sim 15\%$，外加剂适量；

⑤复合膏浆：水泥与其他至少两种掺合料混合而成的膏浆。

（2）快固型水泥膏浆：

①水泥-速凝剂膏浆：水灰比 0.4～0.5，速凝剂掺量为水泥质量的 5％～15％；

②硫铝酸盐水泥膏浆：水灰比 0.5～0.8，外加剂适量；

③水泥-硫铝酸盐水泥膏浆：水灰比 0.5，普硅水泥：硫铝酸盐水泥（质量比）5∶1～7∶1，外加剂适量。

（3）高触变抗水膏浆：水灰比 0.6～0.8，高触变抗水膏浆外加剂掺量为水泥质量的 0.5％～1％。

（4）快固型高触变抗水膏浆：水灰比 0.6～0.8，高触变抗水膏浆外加剂掺量为水泥质量的 0.5％～1％，速凝剂掺量为水泥质量的 0.05％～0.1％。

2）水泥膏浆灌浆材料性能

（1）普通水泥膏浆屈服强度较大（一般≥50Pa），黏度大（一般≥40s），浆液整体稳定性好，流动性差，不易扩散，抗水性能较差，固结时间长（一般初凝≥72h）。

（2）快固型水泥膏浆最大的特点就是浆液固结时间较短（一般初凝≤3h），固结后 3d 左右固结体强度达到峰值，后期强度无增加甚至有所减少，主要与速凝剂有关，因此耐久性较差，抗水性能较差。

（3）高触变抗水膏浆是在普通水泥膏浆的基础上添加水下不分散外加剂而成的具有高触变和抗水性的膏状浆液，整体稳定性一般，固结体强度较高，无收缩，耐久性良好，固结时间较慢（一般初凝≥8h），水下不分散。

（4）快固型高触变抗水膏浆是在高触变抗水膏浆基础上添加速凝剂解决高触变抗水膏浆固结慢、初凝时间长的缺陷，初凝时间≤1h，其他性能与高触变抗水膏浆基本相同。

（5）水泥膏浆由无机材料组成，因此对地下水和环境无污染。

3.1.3 水玻璃灌浆材料

水玻璃灌浆材料主要以水玻璃（硅酸钠）溶液为主剂，与各种胶凝剂反应形成不溶于水的硅酸凝胶的灌浆材料。根据所使用的胶凝剂的种类，可将水玻璃灌浆材料分为：无机胶凝剂-水玻璃灌浆材料；有机胶凝剂-水玻璃灌浆材料；酸性水玻璃灌浆材料。

1. 无机胶凝剂-水玻璃灌浆材料

胶凝剂为中性或碱性无机物，优点是环保性能好，但复合浆液的凝胶体稳定性差、强度不均、凝胶时间不易控制、固结体力学性能差且收缩性较大。

2. 有机胶凝剂-水玻璃灌浆材料

胶凝剂为有机物，优点是复合浆液的胶凝时间可控，固结体的力学性能较好且收缩较小，但存在环保污染、耐久性能差、造价高等问题。

3. 酸性水玻璃灌浆材料

工程上常用的水玻璃为强碱性材料（pH 值为 11～13），凝胶体有碱溶出、脱水收缩和腐蚀现象，影响了凝胶体的耐久性，碱性溶出物对环境有一定的污染。研究表明，当水玻璃呈酸性或中性时，凝胶体没有碱性物质溶出，凝胶体的收缩小，相应地提高了耐久性，且无毒。对普通水玻璃进行酸化处理，加入一定浓度的酸性材料与水玻璃发生中和反应后，降低水玻璃的 pH 值，制成酸性水玻璃。

1）方法一：水玻璃溶液中加入强硫酸（浓度 98％）

（1）研究表明，采用该方法制备酸性水玻璃，当水玻璃溶液的 pH 值为 1～2 时，即水玻璃呈强酸性,其胶凝的时间最长,可达 5～20h,此时浆液最稳定、不易发生自凝;而当 pH 值为 6～9 时,即水玻璃溶液呈弱酸性、中性到弱碱性时,胶凝时间较快,弱酸性时胶凝时间需 1～3min,中性时胶凝时间需 10s～2min,弱碱性时胶凝时间仅需几秒至 1min。

(2)应用时,为了满足快速防渗堵漏、加固土体的工程要求,在 pH 值为 1～2 的酸性水玻璃溶液中加入碱性胶凝剂,如碳酸氢钠、铝酸钠、氢氧化钠等,将水玻璃溶液的 pH 值控制在 6～9 之间,使之呈弱酸性、中性或弱碱性。

(3)采用该法配制酸性水玻璃灌浆材料所需的原材料有:

① 水玻璃,模数 2.8～3.4,浓度 40°Bé;

② 硫酸,浓度 98%;

③ 胶凝剂,碳酸氢钠、氢氧化钠、铝酸钠。

加入硫酸制备酸性水玻璃配比如表 3-5 所示。

加入硫酸制备酸性水玻璃配比

表 3-5

材料	要求	作用	配比
水玻璃:水(A)	模数:2.8～3.4 浓度:15°Bé	主剂	0.44:1(体积比)
硫酸溶液(B)	硫酸浓度98%	酸化剂	水稀释,(10%～20%)水
酸性水玻璃(C)	pH 值1～2		A:B=6～7:1(体积比)
胶凝剂(D)		促凝	10%C(质量)

(4)A 组分材料与 B 组分材料按配比制成稳定的材料 C,灌浆时按材料 C 质量的 10% 加入胶凝剂 D,即制成酸性水玻璃灌浆材料。

(5)由于硫酸的腐蚀性问题,在生产、运输、储存使用等环节均有严格的限制,存在极大的安全隐患,现已属管制产品;并且实际应用时需先对水玻璃进行酸化处理,再经过添加胶凝剂配浆两个步骤,操作烦琐,使用极不方便,因此该种方法制备酸性水玻璃灌浆材料现基本已停止使用。

2)方法二:水玻璃溶液中加入磷酸溶液(浓度 85%)

(1)研究表明,采用该方法制成的酸性水玻璃,当水玻璃溶液的 pH 值大于 9 时,即水玻璃溶液呈碱性此时浆液基本不固化;而当溶液的 pH 值为 7～9 时,水玻璃溶液呈中偏弱碱性,溶液开始成絮状缓慢固化,胶凝时间需 30min 以上;当溶液的 pH 值为 5～7 时,水玻璃溶液呈弱酸性时,胶凝时间 2～10min;当溶液的 pH 值为 3～5 时,水玻璃溶液呈酸性时,胶凝时间仅需十几秒至 1min。

(2)应用时,直接将磷酸按配比加入水玻璃溶液进行中和,即可制成酸性水玻璃灌浆材料进行灌浆作业。此方法制备工艺操作简单,只需一步即可完成对水玻璃溶液的酸化处理,且磷酸溶液无腐蚀性、无刺激性、环保性好,便于运输、储存和管理。使用时根据工程需要调整磷酸的加入量。

(3)采用此方法配制酸性水玻璃灌浆材料所需的原材料有:

①水玻璃,模数 2.8～3.4,浓度 40°Bé;

②磷酸,浓度 85%。

加入磷酸制备酸性水玻璃配比如表 3-6 所示。

加入磷酸制备酸性水玻璃配比

表 3-6

材料	要求	作用	配比
水玻璃：水（A）	模数:2.8～3.4 浓度:32°Be	主剂	3：1(体积比)
磷酸溶液（B）	浓度85％	酸化剂	水稀释,(5％～6％)水
酸性水玻璃（C）	pH 值 3～5		A：B＝1：1～0.4(质量比)

（4）根据工程要求，灌浆时只需将 A 溶液与 B 溶液按配比中和，以双液或单液灌浆方式即可形成凝胶体。

3）酸性水玻璃灌浆材料性能

磷酸制成的酸性水玻璃灌浆材料近年来在工程中的应用已经越来越多，其具有如下特点：

（1）浆液初始黏度低，仅有 1.5～2.5mPa·s，可灌性好，可灌入微细裂隙及粒径 0.05mm 以下的粉细砂中，具有一定的强度；

（2）浆液抗渗性能好，渗透系数可达 10^{-10}～10^{-8} cm/s 级；

（3）浆液可控制在中性或酸性范围内胶凝，胶凝时间可根据需要调节；

（4）浆液的凝胶体不含重金属或其他有毒物质；

（5）固结过程析出物较少，固结体稳定，耐久性良好；

（6）当为强碱性环境时（pH 值大于 10），酸性水玻璃灌浆材料固结体的耐久性降低，使用时应特别注意使用环境。

3.2 化学灌浆材料

化学灌浆材料属有机类灌浆材料，是石油化工产品，石化产品作为主剂与有机溶剂（稀释剂）、外加剂（固化剂、交联剂、引发剂、催化剂、表面活性剂、速凝剂、缓凝剂、增塑剂、增韧剂、增稠剂等）按照配比配置而成，属真溶液。化学灌浆材料种类很多，本节对国家标准《建设工程化学灌浆材料应用技术标准》GB/T 51320—2018 中涉及的且目前在建筑工程中常用的化学灌浆材料，如环氧树脂类灌浆材料、聚氨酯类灌浆材料和丙烯酸盐灌浆材料，从材料组成、反应机理到性能要求进行了详细的叙述，对国家标准中提到但在建筑工程中不常用的其他几类化学灌浆材料仅做一般性的介绍。

由于化学灌浆材料属有机类化学材料，受价格、环保、耐久性等因素影响，建筑工程中一般在混凝土缺陷修复、加固补强、防渗堵漏、应急抢险等情形下使用化学灌浆材料。对于地基处理或土体加固如溶（土）洞、采空区充填等，化学灌浆材料只有特殊情形下才被使用。

3.2.1 化学灌浆材料主要性能

化学灌浆材料属真溶液，对此类材料性能影响的指标主要有：

（1）初始黏度：浆液抵抗流动的初始阻力，反映浆液开始发生流动的难易程度。

（2）密度：浆液中主剂的质量与浆液总体积的比值，反映浆液中主剂的含量。

（3）胶凝时间：浆液固结时间的快慢。一般分为初凝时间和终凝时间。

（4）可操作时间：浆液按配比配制完成混合后至达到初始黏度或初凝状态不能进行人工机械操作的间隔时间。

（5）强度：固结体承受外力的能力，是固结体重要的物理力学指标之一。影响固结体强度的因素包括化学原材料、溶剂、外加剂、温度等。对化学灌浆材料，抗压强度、剪切强度、抗拉强度、粘结强度（分干、湿状态）工程中用得较多。

（6）抗渗压力：固结体能抵抗的最小的渗透压力，是灌浆工程一个非常重要的性能指标。

（7）接触角：灌浆材料的固、液、气三相交界处，自固-液界面经过液体内部到气-液界面之间的夹角，反映浆液对固体材料表面湿润性能的重要指标。

（8）耐久性：反映浆液固结后固结体保持其原有性能的能力，耐久性是衡量灌浆材料在长期使用条件下抵抗外来侵蚀安全使用的一项综合指标，包括抗老化、抗物理腐蚀（风化、冻融、高温）、抗化学腐蚀（酸、碱、盐）、抗生物腐蚀等。

3.2.2　环氧树脂类灌浆材料

环氧树脂类灌浆材料（环氧浆材，epoxy resin grouting material）是以环氧树脂为主剂，与固化剂、稀释剂等材料配制的浆液。环氧浆材在常温下可固化，固化后形成的固结体强度高、收缩性低、黏附力强、化学稳定性好，在建筑工程中得到广泛应用。根据不同的固化剂、稀释剂及工程目的，常用的环氧浆材按用途主要分为：（1）混凝土缺陷修复用环氧灌浆材料；（2）地基与基础处理用环氧灌浆材料；（3）堵漏用环氧灌浆材料。

3.2.2.1　环氧树脂类灌浆材料的组成

单纯的环氧树脂是一种线性结构的热塑性树脂，只有经过与固化剂反应，使环氧基开环，固化交联生成网状结构，变成一种热固性树脂，才能获得优良的性能，因此环氧树脂和固化剂是环氧树脂类灌浆材料最基本的组成，两者缺一不可，根据灌浆工艺和对材料性能的要求，常常还需要配合一些辅助材料，如稀释剂、增塑剂、填料和其他改性剂等。

1. 环氧树脂

环氧树脂是指分子中含有两个及两个以上环氧基团的一类聚合物的总称。不同分子结构形成不同类型的环氧树脂，常用的有缩水甘油醚类、缩水甘油酯类、缩水甘油胺类、线型脂肪族类、脂环族类五大类环氧树脂。

化学灌浆工程中常用的是缩水甘油醚类环氧树脂，其中又以二酚基丙烷型环氧树脂（简称双酚A型环氧树脂）应用最为广泛，因为这种环氧树脂粘结力强、收缩性小、稳定性高、耐酸耐碱、电绝缘性能好。双酚A型环氧树脂的主要规格有E51和E44型，E44型由于黏度较大，除在特定条件使用外，实际工程中一般常用E51型。

衡量环氧树脂材料的一个重要指标是环氧值，它是指100g环氧树脂中含有的环氧基的摩尔数，该指标是计算所需固化剂量的依据。E51和E44型两种环氧树脂的环氧值如表3-7所示。

25

常用的双酚 A 型环氧树脂的环氧值 表 3-7

型号	黏度(mPa·s)	环氧值(eq/100g)
E51	＜2500	0.48～0.54
E44	3000～4000	0.41～0.47

2. 固化剂

只有加入固化剂并在一定条件下发生交联反应后生成体型网状结构，环氧树脂的优良性能方能表现出来。环氧树脂的固化剂种类繁多，在化学灌浆工程中，使用的固化剂主要是可在常温下使环氧树脂固化的脂肪族伯胺和仲胺，如乙二胺、二乙烯三胺、三乙烯四胺、多乙烯多胺等，这类胺的黏度低、放热较大、反应活性高、固化反应快，现场操作不易控制，且沸点低、挥发性强、具有刺激性和一定的毒理性。工程中常对其进行改性后使用，如环氧化物加成多胺、酚醛胺、聚酰胺等，改性后的固化剂黏度高、放热量低、反应活性慢，其与环氧树脂的反应趋缓、易丁操作控制且稳定性较高、挥发性和毒性降低。

3. 稀释剂

环氧树脂自身的黏度较大，需要加入稀释剂才能在工程中使用。稀释剂有非活性稀释剂和活性稀释剂两大类，不同稀释剂的稀释效果不同，对环氧树脂固化物性能的影响也不同。

1）非活性稀释剂

非活性稀释剂不参与环氧树脂的固化反应，在环氧树脂中属于一种物理混合状态。环氧树脂常用的非活性稀释剂有丙酮、苯、甲苯、二甲苯、乙醇等，稀释剂黏度越低，稀释效果越好。

随着非活性稀释剂使用量的增加，环氧树脂灌浆材料的固化速度变慢、固化物的强度降低、固结体体积收缩。

2）活性稀释剂

活性稀释剂参与环氧树脂的固化反应，最常用的活性稀释剂是糠醛-丙酮复合稀释剂，在胺类固化剂的作用下，可以发生醛酮缩合反应生成呋喃树脂，呋喃树脂再经过复杂的固化过程形成热固性树脂，从而在稀释环氧树脂的同时参与环氧的固化反应。

以复合的糠醛-丙酮为稀释剂的环氧灌浆材料具有以下特点：

（1）糠醛和丙酮都是黏度极低的有机溶剂，对环氧树脂的稀释效果好，可使浆液的黏度稀释到 10mPa·s 以下，使环氧浆液具有很好的可灌性和渗透性。

（2）环境温度对固化速度影响大，温度高固化速度快，温度低固化速度慢。一般配浆时环境温度不超过 35℃较为适宜，环境温度过高易产生暴聚现象，同时要求一次配浆量与灌浆施工速度匹配，否则易造成配浆过程中因浆量过多形成不良的放热反应；配浆的环境温度也不宜低于 5℃，环境温度过低则会造成放热反应过慢甚至不反应的现象发生。

（3）浆液对干基面和潮湿基面均有较强的粘结强度。但当基面存在较明显的动水或饱水的情况时，对浆液在基面的粘结性能影响较大，固结体强度和粘结力均有不同程度的降低或失效。

（4）液态糠醛的环保性较差，LD50 为 65mg/kg，具中等毒性，味刺鼻，长期处于封闭环境可致呼吸困难；液态丙酮易挥发、燃点沸点较低，属易燃易爆材料。对呈液体状态的糠醛-丙酮溶液的安全管理是此类灌浆材料在应用过程中必须予以重点关注的内容。

（5）固结体早期强度较低，后期强度逐渐增大。

虽然糠醛-丙酮稀释体系的环氧树脂灌浆材料存在上述一些问题，但其他非糠醛-丙酮稀释体系的环氧树脂灌浆材料，当浆液的黏度稀释到 200mPa·s 以下后，固结体的强度就远低于表 3-9 要求的强度指标了，从而失去了使用环氧树脂材料的意义。虽然相关研究试图寻找糠醛-丙酮稀释体系的替代物，但一直没有取得实质性突破，目前市场上仍然难寻能符合《混凝土裂缝用环氧树脂灌浆材料》JC/T 1041—2007 和《建设工程化学灌浆材料应用技术标准》GB/T 51320—2018 标准的非糠醛-丙酮稀释体系环氧树脂灌浆材料的产品。

4. 增塑剂

纯环氧树脂固化物脆性强度较大，容易开裂，使用中一般需要加入增塑剂，降低大分子之间的相互作用力，提高固化物的韧性，但是固化物的抗压、抗拉强度，弹性模量等也会随之降低。增塑剂也分为非活性固化剂和活性固化剂。

（1）非活性增塑剂

非活性增塑剂不参与固化反应，常用沸点高、挥发性低的有机溶剂，如邻苯二甲酸酯类和磷酸酯类，不容易从环氧树脂的固化物中迁移出来。低黏度的非活性增塑剂对环氧树脂还有一定的稀释作用。

（2）活性增塑剂

活性增塑剂又叫增韧剂，能参与固化反应，如低分子量聚酰胺、液体聚硫橡胶、聚氨酯预聚物等。聚酰胺含有氨基，可以与环氧基反应固化，既是增韧剂又是固化剂。聚硫橡胶的硫基在胺的作用下，可以与环氧基反应，形成环氧树脂-聚硫橡胶的前段共聚物，起到内增塑的作用。聚氨酯预聚物的异氰酸根可以与环氧树脂和氨基反应，起到内增塑的作用。

3.2.2.2 环氧树脂类灌浆材料的固化

环氧树脂可以通过下列三种交联固化反应成为热固性树脂：

（1）环氧基之间的直接连接；

（2）环氧基与羟基的连接；

（3）环氧基与固化剂的活性基团发生反应，彼此连接。

脂肪族伯胺和仲胺类的固化剂作用属第（3）类反应，其固化机理主要为环氧基与含活泼氢的胺基的开环加成反应，通过逐步聚合反应的历程使它交联成体型网状结构。脂肪胺与环氧树脂的反应活性很高，在常温下即可快速进行，温度越高，反应速度越快。叔胺基、酚羟基和羟基对环氧基的开环反应具有明显的促进作用，可以使环氧树脂在更低的温度下固化，固化速度也明显加快，因此常作为固化促进剂和脂肪胺固化剂复合使用。

用胺类固化剂固化环氧树脂时，需要使用合适的固化剂用量，固化剂用量太少，环氧树脂固化不完全，交联密度低，固化物力学性能低；固化剂用量过多，不反应的固化剂也会使固化物力学性能降低，同时还会降低固化物的耐水性以及粘结性能，尤其是与潮湿混凝土面的粘结力。根据上述固化机理可以看出，一个活泼氢可以与一个环氧基反应，因此，可以通过理论计算来确定固化剂的用量，以 100g 环氧树脂为例，固化剂的用量计算过程如下：

固化剂用量＝(胺的分子量/胺分子中活泼氢原子数)×环氧值

当固化剂用量为理论用量时，固化物的力学性能最佳。

3.2.2.3 环氧树脂类灌浆材料的性能

环氧树脂类灌浆材料在建筑工程中主要用于：(1) 处理混凝土结构因各种原因造成的诸如开裂等缺陷部位的修复、补强与加固；(2) 对建筑地基进行加固处理；(3) 对混凝土缺陷部位的渗漏水进行堵漏。

用途不同，对环氧树脂灌浆材料性能的要求也不相同。

1. 混凝土缺陷修复用环氧树脂灌浆材料性能

环氧树脂灌浆材料用于建筑工程混凝土结构缺陷的修复与补强加固，应满足《混凝土裂缝用环氧树脂灌浆材料》JC/T 1041—2007 对材料性能的基本要求（表 3-8 和表 3-9）。

混凝土缺陷修复用环氧树脂灌浆材料浆液性能　　　　表 3-8

项目	L	N
浆液密度(g/cm³)	＞1.00	＞1.00
初始黏度(mPa·s)	＜30	＜200
可操作时间(min)	＞30	＞30

混凝土缺陷修复用环氧树脂灌浆材料固化物性能　　　　表 3-9

项目*		I	II
抗压强度(MPa)		≥40.0	≥70.0
拉伸剪切强度(MPa)		≥5.0	≥8.0
抗拉强度(MPa)		≥10.0	≥15.0
粘结强度	干粘结(MPa)	≥3.0	≥4.0
	湿粘结(MPa)	≥2.0	≥2.5
抗渗压力(MPa)		≥1.0	≥1.2
渗透压力比(%)		≥300.0	≥400.0

*表中材料的物理力学性能测试时间均为材料固化后龄期满28d的测试结果。

工程上关注的补强加固用环氧浆材性能指标首先是灌浆材料固化后的强度及与混凝土基面的粘结性能，其次才是浆材的可灌性等其他性能指标。

2. 地基处理用环氧树脂灌浆材料性能

环氧树脂灌浆材料用于建筑工程地基处理应满足《地基与基础处理用环氧树脂灌浆材料》JC/T 2379—2016 对材料性能的要求（表 3-10 和表 3-11）。

地基处理用环氧树脂灌浆材料浆液性能　　　　表 3-10

项目	指标
浆液密度(g/cm³)	＞1.00
初始黏度(mPa·s)	＜30
可操作时间(min)	＞120
接触角(°)	＜25.0

地基处理用环氧树脂灌浆材料固化物性能　　　表 3-11

项目*		II
抗压强度（MPa）		≥50.0
拉伸剪切强度（MPa）		≥7.0
抗拉强度（MPa）		≥12.0
粘结强度	干粘结（MPa）	≥3.5
	湿粘结（MPa）	≥3.0
抗渗压力（MPa）		≥1.5

* 表中材料的物理力学性能测试时间均为材料固化后龄期满 28d 的测试结果。

地基与基础用环氧浆材工程上关注的性能指标首先是浆材的可灌性，其次才是灌浆材料固化后的强度及与基面的粘结性能等其他性能指标。

3. 堵漏用环氧树脂灌浆材料性能

由于传统的环氧树脂浆材在有动水或较多明水条件下固化效果不佳、应用受限，一般认为环氧树脂灌浆材料不适用于进行堵漏施工。然而，为适应建筑结构对防渗堵漏用化学灌浆材料在耐久性、强度等方面的要求，在对交联剂、固化剂等进行改性后，在一定的动水和明水条件下，可固化且与基面有效粘结的用于堵水的堵漏环氧树脂灌浆材料应运而生，现已在实际工程中得到应用，效果较好，证明经改性的堵漏环氧树脂灌浆材料用于混凝土裂缝的渗漏水治理可行。

目前还未制定堵漏用环氧树脂灌浆材料的行业标准，亟须制定相关标准来规范堵漏环氧材料的使用。市场上现在的堵漏环氧材料执行的大多是各生产企业制定的企业标准，以中科院广州化灌工程有限公司生产的 XT101 环保型环氧树脂堵漏材料为例，其执行企业标准《环氧树脂堵漏材料》Q/HGXT 6—2011，标准中对浆液密度、黏度、水下凝胶时间和固结体的水下抗压强度、水下抗拉强度、水下粘结强度、抗渗压力作了规定（表 3-12）。

堵漏环氧树脂灌浆材料浆液和固化物性能　　　表 3-12

序号	项目	技术要求
1	密度（g/cm³）	≥1.0
2	黏度（mPa·s）	<1000
3	水下凝胶时间（min）	≤60
4	水下抗压强度（MPa）	≥70
5	水下抗拉强度（MPa）	≥5
6	水下粘结强度（MPa）	≥1.5
7	抗渗压力（MPa）	≥1.0

相较于加固用环氧树脂灌浆材料少则 6～8h 才开始固化，堵漏环氧水下固化时间小于1h，当有足够的灌浆量且水流呈缓慢渗流流动状态条件下，堵漏环氧树脂灌浆材料可直接灌入进行堵水作业；当存在动水水流时，可先用其他速凝材料对水流进行临时封堵，待水流流速减缓至渗流，动水被封堵后不再流动或涌出时，再灌入堵水环氧灌浆材料进行堵水施工。

相比于丙烯酸盐和聚氨酯类灌浆堵漏材料，环氧树脂堵漏材料的抗压强度高、粘结强度高，耐久性好，不仅对混凝土裂缝起到堵漏的效果，还能起到加固补强作用。目前环氧树脂堵漏材料主要使用非糠醛丙酮的活性稀释体系，浆液挥发性、毒性较低，环保性好，更符合今后材料发展的趋势。

堵漏环氧树脂灌浆材料还需进一步缩短固化时间、提高水下与基面的粘结性能、可适当降低固化物的抗压强度等方面进一步改进。

3.2.3 聚氨酯类灌浆材料

聚氨酯类灌浆材料（polyurethane grouting material）是一种防渗堵漏效果好、固结体强度较高的化学灌浆材料，特别适合封堵较大动水条件下的渗漏水治理。浆液在无水时呈稳定状态，遇水后才发生化学反应，生成不溶于水的聚合体，且在反应过程中产生 CO_2，会使固结体的体积膨胀，在较大的膨胀压力作用下，固结体体积增大，封堵的范围也扩大了。

3.2.3.1 聚氨酯类灌浆材料的组成

聚氨酯类灌浆材料一般由主剂和外加剂组成：

1. 主剂

（1）多异氰酸酯

较常用的多异氰酸酯有：

①甲苯二异氰酸酯（TDI）；

②二苯基甲烷二异氰酸酯（MDI）；

③多苯基多亚甲基异氰酸酯（PAPI）。

以上三种多异氰酸酯中 TDI 的黏度最小，用 TDI 合成的预聚体黏度小、活性大、遇水后反应速度快；MDI 和 PAPI 的黏度较大，由 MDI、PAPI 合成的预聚体黏度大、活性小、遇水后反应速度相对慢，但其固结体强度高。

（2）多羟基化合物

有两种多羟基化合物：

①聚醚多元醇（聚醚）；

②聚酯多元醇（聚酯）。

聚醚黏度小、化学键不易水解、比较稳定，而聚酯黏度大、化学键易水解、不稳定，因此一般采用聚醚作为灌浆材料使用。

2. 外加剂

聚氨酯浆液除主剂预聚体外，还需加入外加剂调节灌浆材料的性能。主要的外加剂有：

（1）催化剂

催化剂的作用是促进浆液与水或羟基的反应速度，控制反应时间。常有的催化剂有：三乙胺、三乙烯二胺、三乙醇胺等。

（2）稀释剂

稀释剂的作用是降低预聚体或浆液的黏度，提高浆液的可灌性。常用的稀释剂有：丙酮、二甲苯、二氯乙烷等。丙酮的稀释效果最好，但固结体的收缩较大；二甲苯稀释浆液后，固结体的收缩较小，但会增加聚合体的憎水性，影响胶凝速度。因此稀释剂的掺入量不宜过多，否则影响固结体的物理力学性能、收缩过大、导致安全隐患。

（3）表面活性剂

表面活性剂的作用可提高聚氨酯发泡体的稳定性和改善发泡体的内部结构。常有的表面活性剂是有机硅氧烷和聚醚的衍生的发泡灵。

（4）缓凝剂

缓凝剂用来减缓浆液与水或羟基反应的速度，延长胶凝时间，扩大浆液的扩散范围。

（5）增塑剂

增塑剂的作用主要用于提高固结体的韧性和延展性。

（6）乳化剂

乳化剂的作用可提高催化剂在浆液和水中的分散性。

3.2.3.2 聚氨酯类灌浆材料的固化

聚氨酯预聚体的分子结构末端的异氰酸根（—NCO）能与水或固化剂反应，逐步生成具有聚氨基甲酸酯高聚物（即聚氨酯）结构的交联化合物，在反应固化过程中释放出大量的 CO_2，使得固结体的结构多变，性能各异。根据聚氨酯材料的不同性质，又可分为水溶性（或称亲水型）聚氨酯灌浆材料和油溶性（或称疏水型）聚氨酯灌浆材料，其固化反应的机理不尽相同。

1. 水溶性聚氨酯灌浆材料

水溶性聚氨酯灌浆材料最突出特点在于其很容易在水中分散，由于在分子结构中含有大量的亲水基团，因此含有游离—NCO 的预聚体遇水后能迅速与水混溶发生聚合反应，形成含水的乳浊液，生成凝胶体固化，在反应过程中，水直接参与了整个聚氨酯交联过程中的聚合反应，1 个水分子可与 2 个—NCO 基团反应，水既是分散剂又是固化剂，使聚氨酯的分子链增长，形成不溶于水的三维网络的聚氨酯凝胶体。

反应过程中会产生 CO_2，在相对封闭的灌浆体系中，大量的 CO_2 形成很大的内压，迫使浆液体积膨胀向周围的孔隙、裂缝深处扩散，使基材的多孔性结构或裂缝被浆液填充，提高了堵水、加固的效果。

2. 油溶性聚氨酯灌浆材料

油溶性聚氨酯灌浆材料是将多异氰酸酯和聚醚多元醇先反应形成预聚体（低聚物），以此预聚体为基料加入有机溶剂作为稀释剂和催化剂、缓凝剂、表面活性剂和增塑剂等其他添加剂制配而成的单组分浆液。油溶性聚氨酯的分子结构中不含亲水性聚醚，不能与水混溶，只能溶于有机溶剂。当用有机溶剂稀释后的聚氨酯浆液遇水后可发生反应并释放出 CO_2 气体，生成泡沫状聚合物。

弹性聚氨酯堵漏灌浆材料属油溶性聚氨酯灌浆材料的一种，它是以多异氰酸酯和多羟基聚醚进行聚合反应生成，除保持了油溶性聚氨酯灌浆材料的特性之外，不同配比的多羟基聚醚与多异氰酸酯反应可以得到不同拉伸强度的弹性体，其最大特点是固结体具有较高弹性与韧性，伸长率可达 300% 以上，因此称之为弹性聚氨酯堵漏灌浆材料，也有的分类法中将其单独作为一类灌浆材料。

3.2.3.3 聚氨酯类灌浆材料的性能

由于聚醚的结构不同，水溶性和油溶性聚氨酯灌浆材料的性能也不尽相同，《聚氨酯灌浆材料》JC/T 2041—2020 规定了水溶性和油溶性聚氨酯灌浆材料的性能要求（表3-13）。

聚氨酯灌浆材料物理力学性能   表3-13

序号	项目	指标		备注
		水溶性	油溶性	
1	密度(g/cm³)	≥1.00	≥1.05	
2	黏度(mPa·s)	≤1000		
3	胶凝时间(s)	≤150	—	根据要求可调
4	凝固时间(s)	—	≤800	根据要求可调
5	遇水膨胀率(%)	≥20		
6	包水性(10倍水)(s)	≤300	—	
7	不挥发物含量(%)	≥75	≥78	
8	发泡率(%)	≥350	≥1000	
9	抗压强度(MPa)	—	≥6	根据工程需要,对结构有加固要求时测试该项目

胶凝时间和凝固时间的定义相同，都是指聚氨酯灌浆材料与水或添加剂混合后，在一定条件下由液态转为固态所需的时间，水溶性和油溶性浆液均可通过添加促凝剂或缓凝剂来加速或延缓胶凝反应的时间。

遇水膨胀率和包水性都是反映水溶性聚氨酯灌浆材料堵水能力的指标。遇水膨胀率是指水溶性聚氨酯浆液与一定量的水（一般1%～2%）反应后形成的固结体再次遇水后可吸水膨胀，即二次膨胀止水的能力；而包水性是水溶性聚氨酯一个特有的重要性能指标，指一定量的浆液与一定量的水混合后形成固结体所需的时间，反映浆液与水起反应的速度，也可用一定量的浆液与水反应后形成的固结体中所含的最大含水量，反映浆液含水的能力。

一般认为聚氨酯灌浆材料适用于堵水工程，因此对聚氨酯浆材的抗压强度要求不高，且仅规定了油溶性聚氨酯浆材的强度指标。

1. 水溶性聚氨酯灌浆材料的特性

水溶性聚氨酯灌浆材料最突出的特点在于其具有大量亲水性的聚醚长链，很容易在水中分散，遇水后能迅速自乳化并发生聚合反应。形成的固结体具有良好的柔韧性、耐低温性和抗渗性，聚合过程中形成大量的氨基甲酸酯基、脲基、醚键等，对混凝土、岩石等具有良好的粘结性。

（1）浆液黏度可调，可灌入1mm左右的细缝；固化时间可通过催化剂或缓凝剂在几秒到十几分钟的范围内进行调节。

（2）与少量的水反应后形成的固结体遇水后可吸水膨胀，即固结体具有二次膨胀能力，但如果开始遇水的水量较大，形成的固结体本身含水量已经很高，此时再遇水后其吸水能力显著降低，二次膨胀能力也就下降，遇水膨胀率自然就低，只有浆液开始与极少量的水反应生成的固结体才具有较好的二次遇水膨胀能力。因此，应用水溶性聚氨酯灌浆材料应特别注意这个特点，并非遇大水情况下只要把浆液灌入就可期望固结体能二次膨胀把水堵住，这也是许多使用水溶性聚氨酯堵水工程失败的重要原因。

（3）固化反应的同时产生 CO_2 气体，在封闭的灌浆体系中，初期的气体压力把低黏度浆液压进细小裂缝深处和疏松地层的孔隙，使多孔性结构或地层被浆料充填密实，后期的气泡包封在胶体中，形成体积膨胀的弹性体。

（4）使用快固化型浆液，可用于含水量较大的堵漏处理，但要注意其二次膨胀能力较低。

2. 油溶性聚氨酯灌浆材料的特性

油溶性聚氨酯灌浆材料最大的特点是分子结构中不含亲水性的聚醚，不能与水直接发生反应，因此需先对聚醚进行处理，制备成可用于灌浆的浆液，通常，有两种制备方法对聚醚进行处理：非预聚法和预聚体法。

（1）非预聚法不需要将原材料反应形成预聚体，只要把各组分混合均匀，即可进行灌浆作业。非预聚法制备的浆液与水反应发泡的速率快、不易控制。浆液混合后，就开始反应，其黏度不断增大，生成的固结体强度较高。由于其反应速度快、凝胶时间短，因而特别适用于存在较大出水的堵漏。

（2）预聚体法需将聚醚先溶于有机溶剂制成预聚体，预聚体遇水后才发生反应，同时释放出 CO_2 气体，生成泡沫体聚合物。预聚体法制备的油溶性聚氨酯灌浆材料浆液反应相对慢、制备过程可控制。

（3）根据聚醚结构的不同，浆液黏度变化较大，从几十毫帕·秒到几千毫帕·秒之间，因此固化后固结体可以是抗压强度极大的坚固体（抗压强度可达 50MPa 以上），也可以是延伸率达 300% 的弹性柔软体（弹性聚氨酯），体积可膨胀至数倍，也可以形成在二者之间的固体形态。

（4）固结体在无压状态下可发泡数倍，而在有压状态下则发泡较小。

3.2.4　丙烯酸盐灌浆材料

丙烯酸盐灌浆材料（acrylate grouting material）由丙烯酸和金属离子结合组成有机电解质，丙烯酸盐单体一般溶于水，根据组成的金属不同，聚合后可得到溶于水和不溶于水的两种聚合物。

丙烯酸盐灌浆材料以水为溶剂，环保性好，黏度低，可灌性好，凝胶速度可调，凝胶体弹性好、渗透系数低，适合应用于建筑工程防渗堵漏、松散土体的固结以及溶（图）洞充填等领域。

3.2.4.1　丙烯酸盐灌浆材料的组成

丙烯酸盐灌浆材料一般由主剂、交联剂、引发剂、促进剂及水等组成。在引发剂和促进剂的作用下，丙烯酸盐单体和交联剂通过自由基聚合形成具有空间网状结构的聚合物凝胶体。

1. 丙烯酸盐单体

丙烯酸盐是由丙烯酸根离子与金属离子组成的有机电解质，一般水溶性良好，其聚合物的水溶性与金属盐价态有关。一价金属盐（如钠、钾等）形成的丙烯酸盐如丙烯酸钠、丙烯酸钾等聚合后生成水溶性的聚合物，它们是典型的高分子电解质，当加入二价及二价以上金属离子（如铝、铅、铁、钙、镁、锌）就可生成不溶于水的聚合物，被用作絮凝剂、土壤固化剂、增稠剂等。二价的金属盐（如钙、镁、铝等）形成的丙烯酸盐如丙烯酸镁、丙烯酸钙、丙烯酸铝等聚合后生成的聚合物不溶于水。多价金属盐形成的丙烯酸盐由于重金属离子毒性大，易污染环境，不适合用于丙烯酸盐灌浆材料。

目前工程中最常使用的丙烯酸盐灌浆材料有：丙烯酸钠、丙烯酸镁和丙烯酸钙等。丙烯酸镁溶液聚合后为半透明凝胶体，弹性好，断裂伸长率高，凝胶体可吸水膨胀，通常会添加一定量的丙烯酸钙作为拮抗剂，以进一步提高丙烯酸镁浆液的环保性。丙烯酸钙溶液聚合后为白色凝胶体，强度相对高，保水能力较弱，在水中会收缩。丙烯酸钠溶液聚合后为透明凝胶体，凝胶体可溶解于水，因此需使用足够的交联剂，否则凝胶体易于溶解破坏。

2. 交联剂

一价丙烯酸盐作为灌浆材料，必须使用交联剂才可生成不溶于水的聚合物；二价金属盐形成的丙烯酸盐灌浆材料虽可生成不溶于水的聚合物，具体使用时一般也会加入交联剂，以提高凝胶体的弹性、强度、保水性和吸水膨胀性。目前工程中使用的交联剂主要为环保无毒的新型交联剂如丙烯酸酯类和烯丙基醚类。

3. 引发剂和促进剂

丙烯酸盐灌浆材料常用过硫酸铵、硫酸钠和过硫酸钾作引发剂。常用的促进剂有硫代硫酸钠、三乙醇胺、四甲基乙二胺等。

3.2.4.2 丙烯酸盐灌浆材料的固化

通常将丙烯酸与碱金属或碱土金属的氧化物，或氢氧化物，在常温或稍高温度下反应可制得丙烯酸盐单体，由一价金属盐形成的丙烯酸盐单体可溶于水生成水溶性的聚合物，它们是典型的高分子电解质，当加入二价及二价以上金属离子就可生成不溶于水的聚合物。由二价的金属盐形成的丙烯酸盐聚合物不溶于水，为了提高聚合物的强度等物理力学性能指标，常常也加入交联剂参与固化反应。为了反应迅速、完全，常使用氧化还原引发体系，通过游离基聚合反应生成不溶于水的含水聚合物凝胶体。

3.2.4.3 丙烯酸盐灌浆材料的性能

《丙烯酸盐灌浆材料》JC/T 2037—2010 规定了丙烯酸盐灌浆材料浆液的物理性能指标应满足表 3-14 中的各项要求。

浆液物理性能 　　　　　　　　　　　　　　　　　　　　　　　　表 3-14

项目	技术要求
外观	淡棕色不含颗粒的均质液体
密度(g/cm³)	生产厂控制值±0.05(产品包装和说明书中说明)
黏度(mPa·s)	≤10
pH 值	6.0～9.0
凝胶时间(s)	报告实测值

根据凝胶体的物理性能，丙烯酸盐灌浆材料凝胶体分为Ⅰ型和Ⅱ型，Ⅱ型的性能指标高于Ⅰ型的性能指标，Ⅰ型材料多由钠、钾、镁等金属盐组成，Ⅱ型材料多由钙、铝、锌

等金属盐组成。《丙烯酸盐灌浆材料》JC/T 2037—2010 规定了丙烯酸盐灌浆材料凝胶体应满足表 3-15 中的各项要求。

固结体物理性能　　　　　　　　　　　　　　　表 3-15

项目	技术要求	
	I	II
渗透系数(cm/s)	$<1.0\times10^{-6}$	$<1.0\times10^{-7}$
固砂体抗压强度(MPa)	$\geqslant200$	$\geqslant400$
抗挤出破坏比降	$\geqslant300$	$\geqslant600$
遇水膨胀率(%)	$\geqslant30$	

1. 可灌性好

丙烯酸盐浆液黏度≤10mPa·s，是黏度最低的化学灌浆材料，可灌性好。并且由于浆液是水溶液，对混凝土、砂土颗粒的浸润性好，对混凝土的微细裂缝和孔隙以及砂土的微细孔隙都有非常好的可灌性。

2. 抗渗性强

凝胶体的渗透系数是直接关系防渗堵漏效果的重要指标，渗透系数越低，防渗堵漏效果越好。丙烯酸盐凝胶体的渗透系数一般低于 10^{-6}cm/s。

3. 凝胶时间可控

丙烯酸盐灌浆材料一般通过添加缓凝剂的用量控制凝胶时间，不使用缓凝剂时浆液的凝胶时间一般在 30～120s，添加不同含量的缓凝剂后，凝胶时间可以延长数分钟到数十分钟。丙烯酸盐灌浆材料用于堵漏时，一般要求浆液能够快速凝胶止水，采用双液灌浆，凝胶时间控制在 1min 以内较为合适。丙烯酸盐灌浆材料用于防渗帷幕和固砂固土时，需要浆液有很好的渗透性，凝胶时间>10min 较为合适。

4. 抗压强度低

丙烯酸盐凝胶体为一种强韧的弹性体，本身的抗压强度非常低，压缩变形 50% 以上都不破坏。丙烯酸盐凝胶体的抗压强度不好测试，一般用固砂体的抗压强度侧面反映凝胶体的强度，一般固砂体抗压强度越高，凝胶体的强度越高。

5. 粘结性高

丙烯酸盐凝胶体的粘结性能可以用抗挤出破坏比降反映。抗挤出破坏比降越大，粘结力越高，越不容易从孔隙中被挤出来。丙烯酸盐灌浆材料用于混凝土裂缝灌浆堵漏时，抗挤出破坏比降指标尤其非常重要，抗挤出破坏比降越高，凝胶体越不容易被水压挤出裂缝，堵漏效果越好，堵漏持续的时间越长。

6. 遇水膨胀率适宜

丙烯酸盐凝胶体吸水膨胀后，凝胶体的强度和抗渗能力会有所下降，膨胀率过大会导致凝胶体强度太低，抗渗能力很弱，甚至凝胶体有可能发生膨胀破坏，在水压下被轻易挤出裂缝，因此，丙烯酸盐凝胶体的遇水膨胀率不是越高越好，一般在 30%～100% 是比较合适的。

7. 断裂伸长率较高

当丙烯酸盐灌浆材料用于变形缝的止水时，凝胶体的断裂伸长率是很重要的一个性能，断裂伸长率很低的凝胶体不能适应变形缝的变化，容易发生脱粘，导致凝胶体被挤出变形缝，失去堵漏效果。因此，当丙烯酸盐灌浆材料用于变形缝止水时，凝胶体的拉伸断裂伸长率一般要≥100％。

8. 环保性好

丙烯酸盐作为灌浆材料使用新型环保无毒的交联剂，以水为溶剂，盐类以一价金属盐和二价金属盐为主，形成的丙烯酸盐灌浆材料 LD_{50} 可大于8850，已满足无毒级要求。

3.2.5 其他类灌浆材料

除了上述在建筑工程中常用的环氧树脂类、聚氨酯类和丙烯酸盐类灌浆材料外，还有其他一些化学灌浆材料于特定情形下在工程中使用。

3.2.5.1 脲醛树脂灌浆材料

脲醛树脂灌浆材料（urea-formaldehyde resin grouting material）是以脲醛树脂或尿素-甲醛为主剂，加入一定量的酸性或酸性盐（硫酸、盐酸、草酸、氯化铵、三氯化铁等）固化剂所组成的化学灌浆材料。

应用时一般先将脲醛树脂或尿素与甲醛反应合成为脲醛树脂预聚体聚合物，在一定比例的酸性固化剂及其他助剂的作用下发生固化反应，最终生成网状结构的高聚物固结体。由于脲醛树脂或尿素是可溶于水的物质，浆液可用水稀释，在满足最终固结体其他条件的前提下，应用时可合理地用水稀释浆液，达到降低黏度增大可灌性的目的。

脲醛树脂灌浆材料形成的固结体强度受浆液浓度和催化剂品质影响较大，标准条件下固结体的抗压强度变化范围为1～10MPa，具有较高的强度；催化剂用量的不同可使浆液的凝胶时间在十几秒到十几分钟进行调节；浆液由于可用水稀释，黏度较低，具有较好的可灌性；固结体在水中的强度随龄期的增加而增长，但在空气中由于甲醛的挥发性，其强度逐渐降低，收缩性增大；固砂体的抗渗性能一般，渗透系数在 10^{-5}～10^{-4} cm/s 之间；由于主剂中含有甲醛，固化剂中含有酸性材料，因此脲醛树脂灌浆材料环保性不佳，限制了其在建筑工程中的使用。特定条件下，如溶洞、采空区等地下空（孔）洞的处理，脲醛树脂灌浆材料可作为充填材料。

3.2.5.2 酚醛树脂灌浆材料

酚醛树脂灌浆材料（phenolic resin grouting material）是一定比例的苯酚（常用间苯二酚）与甲醛在酸性或碱性催化剂的催化作用下反应生成的热固型灌浆材料。

酚醛树脂灌浆材料黏度较低，可灌性好，固化时间较长，一般凝胶时间数小时，添加促凝剂可缩短固化时间至几分钟。凝胶体固化后凝胶仍可液化，因此其固砂体强度不高，一般为0.5～2MPa。

与脲醛树脂灌浆材料相同，由于主剂中含有甲醛，固化剂中含有酸性材料，酚醛树脂灌浆材料环保性不佳，限制了其在建筑工程中的使用。也是特定条件下，如溶洞、采空区等地下空（孔）洞的处理可作为充填材料进行使用。

3.2.5.3 甲基丙烯酸甲酯灌浆材料

甲基丙烯酸甲酯灌浆材料（methyl methacrylate，甲凝）是由主剂（甲基丙烯酸甲酯）、引发剂（过氧化苯甲酰）、固化剂（二甲基苯胺）和除氧剂（对甲苯亚磺酸）等成分组成，还可添加改性剂对浆液的性能产生一定的促凝或缓凝等影响。

甲基丙烯酸甲酯灌浆材料的特点突出：（1）黏度非常低（只有水的50%），因此具有很好的渗透扩散能力，可灌入微细缝隙之中；（2）材料单体的活性大，易聚合固化；（3）浆液与基面具有一定的粘结强度；（4）固化体强度高，抗压强度在60～80MPa，因此甲基丙烯酸甲酯灌浆材料一般用来进行结构加固；（5）固结体的力学性能受环境影响小，稳定性高，耐久性良好。

虽然甲基丙烯酸甲酯灌浆材料有较好的性能，但也存在较大的不足：（1）在浆液聚合过程中聚合物体积收缩较大，容易引起固结体与基面脱开；（2）浆液的黏度比水还小，表面张力也比水小，对干界面有利，但湿界面灌浆效果就受较大的影响；（3）浆液无色透明、易挥发，微溶于水，未固结之前浆液中的主剂有一定量的损失；（4）浆液中的除氧剂为强酸性物质，因此甲基丙烯酸甲酯灌浆材料在环保性方面欠佳。

3.3　灌浆新材料

随着工程建设的飞速发展，高层、超高层拔地而起，设计新颖、结构复杂的建筑层出不穷，地下空间规模越来越大，中心城市的基坑越来越深，高层建筑的桩基础越来越长，毗邻江河湖海的建筑越来越多，加之绿色环保的发展理念不断深入人心，因而对建造技术和建筑材料提出了越来越高的要求，建造新技术、建筑新材料也与时俱进地在工程实践中不断创新和发展。

建筑工程中的灌浆技术同样面临着创新与发展的问题，随着材料科学的进步，各种绿色环保、满足不同目的和要求的灌浆新材料也在工程实践中涌现出来，下面介绍几种已在工程中得到较多应用、证明行之有效的具有一定代表性的灌浆新材料。

3.3.1　水泥基高强灌浆材料

水泥基高强灌浆材料是以水泥作基料，以高强度材料（石英砂，金刚砂等）作骨料，辅以高性能聚羧酸减水剂、复合膨胀剂、矿物流平剂、早强剂、防离析剂等材料按比例计量混合而成，现场按产品规定比例加水或配套组分拌合即可使用，具有高流动度、早强、高强、微膨胀、无收缩等特性。

灌浆材料中不含铁离子和氯离子，浆料可自流，能够在无振捣的条件下自动灌注狭窄缝隙，适应诸如复杂结构、密集布筋及狭窄空间的浇注与灌浆。

（1）胶凝材料：高强度等级水泥（硅酸盐水泥、普通硅酸盐水泥等）、粉煤灰、矿粉、微硅粉等；

（2）膨胀剂：石膏、硫铝酸钙类、氧化钙类、硫铝酸钙-氧化钙类（HCSA）；

（3）早强剂：硫酸钠、碳酸锂等各种早强剂；

（4）减水剂：萘系减水剂、密胺系减水剂、聚羧酸减水剂等高效减水剂；

（5）增稠保水剂：低黏度的纤维素醚、可再分散乳胶粉等；

（6）骨料：石英砂、金刚砂、高硬度机制砂等。

按流动度将水泥基灌浆材料分为四类：Ⅰ类、Ⅱ类、Ⅲ类和Ⅳ类，浆液主要技术指标应符合行业标准《水泥基灌浆材料》JC/T 986—2018的要求（表3-16）。

水泥基灌浆材料主要技术指标

表 3-16

类别		Ⅰ类	Ⅱ类	Ⅲ类	Ⅳ类
最大骨料粒径(mm)		≤4.75			>4.75 且≤25
截锥流动度 (mm)	初始值	—	≥340	≥290	≥650*
	30min	—	≥310	≥260	≥550*
流锥流动度 (mm)	初始值	≤35	—	—	—
	30min	≤50	—	—	—
竖向膨胀率 (%)	3h	0.1～3.5			
	24h 与 3h 的膨胀值之差	0.02～0.50			
抗压强度 (MPa)	1d	≥15		≥20	
	3d	≥30		≥40	
	28d	≥50		≥60	
氯离子含量(%)		<0.1			
泌水率(%)		0			

* 表示坍落扩展度。

主要特性:

(1) 早强、高强，1～3d 抗压强度可达 20～60MPa;

(2) 自流性高，不泌水，无外力作用下 30min 内保持可自流状态;

(3) 具有微膨胀性能，无收缩现象;

(4) 粘结强度高，与圆钢握裹力不低于 6MPa;

(5) 自密实、防渗和防冻融;

(6) 属无机胶结材料，抗侵蚀、耐冲刷，具有良好的抗硫酸盐和抗污水侵蚀性能，有较强的抗冲刷性;

(7) 耐久性好，含碱量低，可有效防止碱-骨料有害反应;与水泥、混凝土耐久性一致;

(8) 可在环境温度为－10～40℃条件下进行施工。

3.3.2 非水反应高聚物灌浆材料

自膨胀高聚物灌浆材料实为非水反应的双组分发泡聚氨酯类高聚物材料，通常为油溶性聚氨酯，由主剂和各种助剂复配而成。双组分主剂主要为异氰酸酯和聚合物多元醇，助剂主要包括催化剂、扩链剂、阻燃剂、泡沫稳定剂、增塑剂、溶剂等。严格意义上此类灌浆材料应属于聚氨酯类灌浆材料，但因其无需水参与反应的特点，故将这种双组分发泡聚氨酯灌浆材料单独列出。

非水反应类聚氨酯灌浆材料或高聚物灌浆材料是由多元醇和异氰酸酯两种组分反应生成的，当两组分接触后，立即发生化学反应，快速膨胀，它能在数十秒内体积膨胀数十倍，灌浆后 10min 高固化反应结束，膨胀力趋于稳定，形成硬质泡沫体。

通过改性预聚体亲水组分，获得发泡非水反应高聚物，不受水的影响，具有较强的自膨胀性。通过向被灌介质灌入双组分高聚物浆液（专用树脂和固化剂），利用两种浆液发生聚合化学反应后体积迅速膨胀并固化成泡沫状固体的特点，实现填充、挤密、封堵、加固的目的。高聚物灌浆材料的膨胀性能与环境压力、反应时间及周围介质的约束能力等因素有关。

非水反应的聚氨酯类高聚物灌浆材料不含水，不会产生收缩现象。高聚物固结体具有很好的柔韧性，弹性较好，不易开裂，抗拉强度和抗压强度比较接近，并具有较好的抗渗性。其主要技术特点如下：

(1) 适应性强：无需水参与聚合反应。

(2) 轻质：固结体自重较轻，其密度不到水泥浆或沥青材料的10%，属轻质材料。

(3) 高膨胀性：聚合反应后固结体体积可自膨胀至20倍以上。

(4) 早强：聚合反应后固结体可在15min内达到其最终强度的90%。材料具有良好的弹性和柔韧性，具有较高的抗拉强度。根据工程目的，固结体的强度和密度可通过添加外加剂进行调节。

(5) 防水：固结体具有良好的防水性能。

(6) 耐久：封闭环境下固结体的耐久性和稳定性非常强。

(7) 环保：对环境无污染。

3.3.3　水下不分散灌浆材料

水下不分散灌浆材料是以高强硅酸盐水泥为基体、以高性能聚合物为主要改性成分的多用途水泥基复合材料。聚合过程主要是以絮凝剂为主的水下不分散剂加入高强硅酸盐水泥中，使其与水泥颗粒表面产生离子键或共价键，起到压缩双电层，吸附水泥颗粒和保护水泥颗粒的作用。同时，水泥颗粒之间、水泥和聚合物之间，可通过絮凝剂的高分子长链的"桥架"作用，使浆液形成稳定的空间柔性网络结构，在其他外加剂（主要有高效减水剂、早强剂、膨胀剂、缓凝剂以及矿物掺合料等）的共同作用下，提高了浆液的黏聚力，限制浆液的分散、离析和避免水泥成分的流失。

水下不分散剂主要有水溶性丙烯酸类和水溶性纤维素类两大类。若在灌浆材料中添加减水剂时，则应考虑絮凝剂与减水剂的相容性，两者的相互排斥对水下不分散灌浆材料的黏聚性和流动性有较大的影响。根据工程需要，可在水下不分散灌浆材料中掺加粉煤灰、硅灰、膨润土、矿渣等掺合料，以进一步提高灌浆材料的抗分散性以及力学性能。

水下不分散灌浆材料具有很强的抗分散性和较好的流动性，在水下浆液可自流平、自密实，具有流动性好、微膨胀、水中不分散、与界面的粘结力强，固结体在水下性能稳定、有一定韧性等特点，广泛用于水环境（淡水、海水、泥浆水）中的灌浆施工、浇筑施工，以及一些水下构筑物的修补及加固施工。水下不分散灌浆材料的抗压强度与非水下同样配比的灌浆材料相比要低，一般只有非水下的70%左右。采用水下不分散专用（外加剂）配制的灌浆水泥、灌浆料、自密实混凝土，不腐蚀钢筋，不污染施工水域，无毒害。

无论是采用纤维素类或者丙烯酸类作为抗分散的主剂，大多针对的是静水环境中或者水流速度很小的情况，当水流流速较大时，这些抗分散剂的抗分散效果一般，若单一提高抗分散剂掺量，会因浆液的黏度增大从而可灌性降低，同时也会影响到浆液的凝结时间延长，水泥颗粒流失量反而增大，固结体强度也降低。因此，需对一定流速下的高效抗分散剂以及适合高压、高水流速下抗分散剂进行进一步研究，以适应工程的相关要求。

3.3.4 聚氨酯-水玻璃复合灌浆材料

聚氨酯-水玻璃灌浆材料由多元异氰酸酯或聚氨酯预聚体与水玻璃及其他助剂组成，常温下两组分按比例均匀混合、反应即可得到聚氨酯-水玻璃复合灌浆材料。

聚氨酯材料黏度相对低、凝胶时间可控，固化物导热系数低、耐化学性好，而水玻璃是一种可溶性的硅酸盐类，具有较强的粘结力、抗酸性、耐热性好、来源广泛、价格较低、无毒、环境友好。聚氨酯和水玻璃均属真溶液，具有很好的可灌性，且固结快、胶凝时间可控。

聚氨酯-水玻璃复合灌浆材料不仅可以降低聚氨酯浆液的反应温度，又能提高水玻璃浆液的固结强度和耐久性。两者组成的复合灌浆材料力学性能得到了提高，固结体抗压强度可达 40MPa 以上，比单纯的聚氨酯灌浆材料成本降低了约 1/3，两种材料的不足得到了改善。

3.3.5 水泥-化学浆液复合灌浆材料

常用的以水泥浆为代表的颗粒状灌浆材料来源广泛、价格较低、固结体强度高、用途较广，是地基处理、充填等工程首选的灌浆材料，但其可灌性一般、固结较慢、早期强度较低、动水条件下易被稀释；化学灌浆材料属真溶液，可灌性良好、固结时间可控、与被灌体界面粘结力强，但化学灌浆材料的有机属性决定了其来源依靠石油化工产品、价格较高、对环境不友好、在一定条件下耐久性差。若将水泥（无机）类灌浆材料与化学（有机）灌浆材料进行有效地混合，形成复合浆液，发挥水泥浆材来源广泛、成本低、后期强度高、耐久性好等优点以及化学浆材可灌性好、固结快等特点，将两者复合形成无机-有机（水泥-化学浆液）复合灌浆材料，将发挥各自的优势，无疑具有较好的应用前景。

（1）水泥-水玻璃复合灌浆材料是最早也是应用最广的水泥-化学复合灌浆材料（现在基本已将水玻璃视为无机材料）；近年来，新型的水泥-化学复合灌浆材料在工程中应用越来越多，如水泥-丙烯酸盐复合灌浆材料、水泥-聚氨酯复合灌浆材料、水泥-水玻璃-聚氨酯复合灌浆材料、水泥-乳化沥青复合灌浆材料、水泥-环氧树脂复合灌浆材料等。

（2）水泥-丙烯酸盐复合灌浆材料是将适量的丙烯酸盐浆液加入到水泥浆中混合而成。水泥浆的强碱性和部分成分对丙烯酸盐的聚合有很大的促进作用，从而使复合浆液发生速凝，凝胶固化可在几秒之内完成，固结体抗压强度可达数十兆帕并且具有弹性。由于丙烯酸盐凝胶填充了水泥石的微观孔隙，固结体的抗渗性以及与界面的粘结性能都得到提高。基于以上优点，水泥-丙烯酸盐复合灌浆材料近年来在工程中得到了较广泛的应用。

（3）水泥-聚氨酯复合灌浆材料由多元异氰酸酯或聚氨酯预聚体与水泥按比例，附加其他外加剂混合而成。水泥浆液的特点是颗粒状材料、强度较高、凝胶固结时间较长、可灌性较差、无污染；聚氨酯浆液的特点是真溶液、可灌性良好、胶凝反应时间可控、浆液遇水可膨胀至数倍于自身的体积、形成的固结体具有一定的柔韧性、耐低温、抗渗性能好、在界面处具有良好的粘结性。

这些水泥-化学浆液复合灌浆材料的一个共同特点都是以水泥为主，结合工程的特点和需要，与不同的化学浆材进行复合，从而形成新的水泥-化学浆液复合灌浆材料。复合后灌浆材料形成的固结体固化速度快且可控，固结体的柔韧性和弹性都有所增加，与界面的粘结力增强，改善了固结体的物理力学性能，满足工程的不同需求。

3.4　灌浆材料的应用

　　建筑工程中采用灌浆技术处理工程问题时，在灌浆材料的选择上应将技术可行、经济合理、安全环保等因素综合起来考虑，即首先应考虑所选的灌浆材料是否能解决工程中的问题，其次考虑材料的价格因素以及是否对人体健康有影响、是否满足环保要求等因素。

　　无论是无机类的还是有机类的灌浆材料都有一定的局限性和适用范围，因此，灌浆施工时应根据灌浆材料的属性、灌浆的目的、受灌的部位以及现场的各种条件来选用灌浆材料。

3.4.1　无机类灌浆材料的适用范围

　　以水泥为代表的无机类灌浆材料（水玻璃除外）基本属于颗粒状溶液，此类浆材来源广泛、价格低、对人体健康无伤害、环保性能好、固结体强度与原材料性质相关、耐久性好；相对于有机类灌浆材料，无机类材料的可灌性差、析水性大、稳定性差、易收缩、易被水稀释、与界面粘结力较差、凝胶速度慢且不可控。

　　无机类灌浆材料在建筑工程中的适用范围见表 3-17。

无机类灌浆材料适用范围　　　　　　　　　　　　表 3-17

材料属性	材料名称	适用范围
纯水泥灌浆材料	硅酸盐水泥浆液、普通硅酸盐水泥浆液	(1)基坑止水帷幕；(2)卵(砾)石层防渗止水；(3)软土地基加固；(4)中粗砂层地基土固结；(5)卵砾石层地基土体固结；(6)基础脱空、溶(土)洞及采空区填充、加固；(7)灌注桩桩底、桩身缺陷处理；(8)锚杆(索)锚固端固结加固；(9)灌注桩后灌浆处理；(10)破碎基岩固结；(11)宽度大于 0.2mm 基岩裂缝处理；(12)坍塌、涌泥、涌砂等工程险情处置
	超细水泥浆液	(1)粉细砂层地基土体固结；(2)宽度小于 0.2mm 岩体微细裂缝处理；(3)灌注桩桩身微细裂缝的缺陷处理
水泥复合灌浆材料	水泥-水玻璃浆液	(1)基坑止水帷幕；(2)卵(砾)石层防渗止水；(3)支护桩桩间止水；(4)溶(土)洞及采空区填充、加固；(5)快速封堵涌水、涌泥、涌砂等工程险情的处置
	水泥-膨润土浆液	(1)在中粗砂层存在动水时防渗堵漏；(2)卵(砾)石层防渗止水
	水泥-粉煤灰浆液	(1)在中粗砂层地基土体固结；(2)中等开度的基岩裂隙封闭；(3)溶(土)洞及采空区填充、加固
	水泥膏浆浆液	水流较小时封堵开度较大的基岩裂隙或卵(砾)石层中防渗堵漏
水玻璃类灌浆材料	碱性(无机、有机)水玻璃浆液、酸性水玻璃浆液	(1)基坑的防渗堵漏；(2)粉细砂层地基土体固结与加固；(3)中粗砂层地基土加固

3.4.2　有机类灌浆材料的适用范围

　　以高分子化学材料为代表的有机类化学灌浆材料属于真溶液，此类浆材可灌性好、与界面粘结力强、稳定性好、不易收缩、凝胶速度快且可控、固结体强度与原材料性质密切相关；相对于无机类灌浆材料，有机类材料的价格高、环保性能相对较差、裸露环境中的耐久性较差。

　　有机类灌浆材料在建筑工程中的适用范围见表 3-18。

有机类灌浆材料适用范围 表 3-18

材料属性	材料名称	适用范围
环氧树脂类灌浆材料	混凝土加固补强用环氧树脂浆液（通用环氧树脂浆液、高渗透环氧树脂浆液）	(1)梁、板、柱和墙体等建筑混凝土结构缺陷(孔洞、蜂窝、麻面、裂缝)加固补强；(2)地下室混凝土结构的底板、侧墙缺陷(孔洞、蜂窝、麻面、裂缝)加固补强；(3)混凝土结构的墙面、屋面、卫生间、女儿墙缺陷(孔洞、蜂窝、麻面、裂缝)加固补强；(4)穿墙管、窗台接驳口等缺陷修复；(5)混凝土灌注桩断桩、夹泥、孔洞、桩底沉渣等缺陷的处置补强；(6)混凝土承台、条形基础等浅基础的断裂、裂缝等缺陷的加固补强；(7)施工缝、变形缝缺陷修复；(8)锚杆(索)锚固端固结加固；(9)钢结构构件与混凝土结构连接处加固处置
	地基处理用环氧树脂浆液（高渗透环氧树脂浆液）	(1)作为建筑物地基基础的基岩存在裂缝(隙)、破碎带等不良地质缺陷的固结处理；(2)风化的基岩达不到建筑物地基基础要求的加固处理；(3)大体积混凝土结构裂缝的加固补强；(4)混凝土微细裂隙的加固补强
	堵漏用环氧树脂浆液	(1)混凝土结构的墙面、屋面、卫生间渗漏水堵漏；(2)施工缝、变形缝渗漏水堵漏；(3)穿墙管、窗台接驳口的渗漏水堵漏；(4)基岩裂隙渗漏水堵漏
聚氨酯类灌浆材料	水溶性聚氨酯浆液	(1)施工缝、变形缝渗漏水堵漏；(2)混凝土结构裂缝渗漏水堵漏；(3)快速封堵基坑涌水、涌泥、涌砂等工程险情；(4)地下室混凝土结构的底板、侧墙渗漏水堵漏；(5)基岩裂隙渗漏水堵漏
	油溶性聚氨酯浆液	(1)混凝土结构的墙面、屋面、卫生间渗漏水堵漏；(2)混凝土结构裂缝渗漏水堵漏；(3)快速封堵基坑涌水、涌泥、涌砂等工程险情；(4)地下室混凝土结构的底板、侧墙渗漏水堵漏；(5)基岩裂隙渗漏水堵漏；(6)基岩存在裂缝(隙)、破碎带等不良地质缺陷的固结加固
丙烯酸盐灌浆材料	丙烯酸盐浆液	(1)施工缝、变形缝渗漏水堵漏；(2)混凝土结构裂缝渗漏水堵漏；(3)快速封堵基坑涌水、涌泥、涌砂等工程险情；(4)地下室混凝土结构的底板、侧墙渗漏水堵漏；(5)基岩裂隙渗漏水堵漏；(6)砂层地基土体固结加固
甲基丙烯酸甲酯灌浆材料	甲基丙烯酸甲酯浆液（甲凝）	(1)混凝土微细裂隙的加固补强；(2)基岩裂缝(隙)、破碎带等不良地质缺陷的固结处理
脲醛树脂灌浆材料	脲醛树脂灌浆浆液	(1)溶洞、采空区等地下空(孔)洞的充填；(2)混凝土结构缺陷(孔洞、蜂窝、麻面、裂缝)加固补强
酚醛树脂灌浆材料	酚醛树脂灌浆浆液	(1)溶洞、采空区等地下空(孔)洞的充填；(2)混凝土结构缺陷(孔洞、蜂窝、麻面、裂缝)加固补强

3.4.3 灌浆新材料的适用范围

在传统的无机、有机灌浆材料基础上发展起来的新型灌浆材料，克服了传统材料的不足或者拓展了使用功能，近年来在工程建设中得到越来越多的应用，效果良好，尤其在一些特殊条件下的灌浆工程中发挥了重要作用。

灌浆新材料在建筑工程中的适用范围见表 3-19。

灌浆新材料适用范围 表 3-19

材料属性	材料名称	适用范围
水泥基高强灌浆材料	水泥基高强灌浆液	(1)建筑浅基础加固；(2)建筑混凝土结构梁、板、柱补强加固与抢险固结；(3)承重的混凝土结构缺陷快速补强修复；(4)锚杆(索)锚固端固结加固；(5)施工缝、变形缝缺陷修复；(6)钢结构(钢架、钢柱等)与混凝土结构连接处加固处置
非水反应高聚物灌浆材料	非水反应高聚物浆液	(1)房屋地基基础脱空填充加固；(2)坍塌、涌泥、涌砂等工程险情处置；(3)软土地基固结加固；(4)建筑物纠偏顶升；(5)溶(土)洞及采空区填充、加固；(6)混凝土结构防渗堵漏；(7)施工缝、变形缝防渗堵漏；(8)基岩裂隙防渗堵漏

材料属性	材料名称	适用范围
水下不分散灌浆材料	水下不分散灌浆液	(1)封堵基坑涌水等工程险情;(2)建筑地基基础加固处理;(3)地下室混凝土底板空鼓填充封闭、防水堵漏;(4)水下构筑物的修补及加固;(5)溶洞及采空区填充、加固
聚氨酯-水玻璃灌浆材料	聚氨酯-水玻璃浆液	(1)快速封堵基坑涌水、涌泥、涌砂等工程险情;(2)施工缝、变形缝渗漏水堵漏;(3)地下室混凝土结构底板、侧墙渗漏水堵漏;(4)溶洞及采空区填充、加固;(5)混凝土结构裂缝渗漏水堵漏;(6)基岩裂隙渗漏水堵漏
水泥-化学浆液复合灌浆材料	水泥-化学浆液复合灌浆料	(1)快速封堵基坑涌水、涌泥、涌砂等工程险情;(2)地基土体加固;(3)施工缝、变形缝渗漏水堵漏;(4)地下室混凝土结构底板、侧墙渗漏水堵漏;(5)溶洞及采空区填充、加固;(6)混凝土结构裂缝渗漏水堵漏;(7)灌注桩后灌浆;(8)基岩裂隙渗漏水堵漏

3.4.4 根据灌浆目的选用灌浆材料

根据灌浆的目的、灌浆的对象(受灌体)不同,在建筑工程中使用的灌浆材料也不同(表3-20、表3-21)。用于地基处理、基础加固、基坑止水、锚杆(索)灌浆、工程抢险等工程常用的灌浆材料以水泥为代表的无机类材料为主;用于混凝土结构的缺陷修复、加固补强、防渗堵漏等工程常用的灌浆材料以高分子有机化学材料为主。

岩土体灌浆材料的选择 表3-20

灌浆目的	受灌体	适用范围
止水帷幕	卵砾石层	(1)水泥浆液;(2)水泥-水玻璃浆液
	粉细砂层	(1)超细水泥浆液;(2)水玻璃浆液
防渗堵漏	中粗砂层	(1)水泥浆液;(2)水泥-水玻璃浆液;(3)水泥-膨润土浆液
	卵砾石层	水泥膏浆
	基岩裂隙、基岩破碎带	(1)水泥浆液;(2)环氧树脂浆液;(3)聚氨酯浆液;(4)丙烯酸盐浆液;(5)聚氨酯-水玻璃浆液;(6)水泥-化学复合浆液
填充	基础脱空	(1)水泥浆液;(2)水泥-水玻璃浆液;(3)水泥-粉煤灰浆液;(4)非水反应高聚物浆液;(5)脲醛树脂灌浆浆液;(6)酚醛树脂灌浆浆液;(7)水下不分散灌浆浆液
	溶(土)洞及采空区填充、加固	
加固固结	锚杆(索)锚固端	(1)水泥浆液;(2)水泥基高强灌浆浆液;(3)环氧树脂类浆液
	软土、中粗砂、卵砾石	(1)水泥浆液;(2)水泥-粉煤灰浆液;(3)水玻璃浆液;(4)水泥-化学复合浆液
	粉细砂	(1)超细水泥浆液;(2)水玻璃浆液
	基岩破碎带、基岩裂隙	(1)水泥浆液;(2)环氧树脂浆液;(3)聚氨酯浆液;(4)丙烯酸盐浆液;(5)甲基丙烯酸甲酯(甲凝);(6)水泥-化学复合浆液
工程抢险	基坑坍塌、涌水、涌泥、涌砂	(1)水泥浆液;(2)水泥-水玻璃浆液;(3)聚氨酯浆液;(4)丙烯酸盐浆液;(5)非水反应高聚物浆液;(6)水下不分散灌浆浆液;(7)聚氨酯-水玻璃浆液;(8)水泥-化学复合浆液

混凝土结构体灌浆材料的选择 表 3-21

灌浆目的	受灌体	适用范围
混凝土缺陷(孔洞、蜂窝、麻面、裂缝等)修复补强加固	混凝土梁、板、柱、墙体	常用:(1)环氧树脂类浆液;(2)水泥基高强灌浆液。较少使用:(3)甲基丙烯酸甲酯(甲凝);(4)脲醛树脂灌浆浆液;(5)酚醛树脂灌浆浆液
	地下室外墙、顶、底板	
	混凝土承台、条形基础等浅基础	
	施工缝、变形缝	
	穿墙管、窗台接驳口	
	钢结构构件与混凝土结构连接处	
防渗堵漏	混凝土结构层板	(1)堵漏环氧树脂浆液;(2)聚氨酯浆液;(3)丙烯酸盐浆液;(4)非水反应高聚物浆液;(5)聚氨酯-水玻璃浆液;(6)水泥-化学复合浆液
	地下室侧墙底板、顶板	
	施工缝、变形缝	
	卫生间、楼面板	
混凝土灌注桩缺陷修复补强加固	桩体断桩、蜂窝、裂缝	(1)水泥浆液;(2)环氧树脂浆液;(3)超细水泥浆液
	夹泥	
	桩底沉渣	
灌注桩后灌浆	灌注桩桩底、桩侧	(1)水泥浆液;(2)水泥-化学复合浆液

3.5 主要灌浆设备

灌浆设备与灌浆工艺密切相关,不同的灌浆机理对应着不同的灌浆工艺,对岩(土)体的灌浆工艺大多采用地质钻机成孔,在压力泵作用下将拌合好的浆液通过灌浆管系统灌入被灌体中;对混凝土缺陷的灌浆工艺大多采用手持式微型钻孔机成孔,在微型压力泵作用下将拌合好的浆液通过灌浆管系统灌入被灌体中,或是采用非钻孔方法将灌浆嘴(头)紧贴被灌混凝土体缺陷表面四周密封后再施灌。

3.5.1 岩(土)体的主要灌浆设备

对岩(土)体灌浆,设备基本由钻机、灌浆泵、制浆装置和耐压输浆管组成。

钻孔设备概况见表 3-22。

灌浆用钻孔设备概况 表 3-22

名称	用途
气(电)动凿岩机	坚硬岩石成孔
地质钻机(50/100/150/300 型)	岩(土)层成孔
钻灌一体机	成孔与灌浆
单管旋喷机	成孔与旋喷灌浆
双管旋喷机	成孔与旋喷灌浆

续表

名称	用途
三管旋喷机	旋喷灌浆
MJS灌浆机	旋喷灌浆
锚杆(索)钻机	锚杆(索)成孔
气动潜孔锤	岩石成孔、锚杆(索)成孔

灌浆泵系列概况见表3-23。

灌浆泵系列概况 表 3-23

名称	用途
泥浆泵	水泥浆液及灰浆浆液灌浆
高压泥浆泵	单管、双管旋喷
高压清水泵	三管旋喷、MJS旋喷
双液灌浆泵	水泥-化学浆液灌浆
砂浆泵	水泥砂浆灌注
膏浆泵	膏浆灌浆
小型混凝土输送泵	充填泵送混凝土
空压机	双管旋喷、三管旋喷、MJS旋喷

制浆设备概况见表3-24。

搅拌机系列概况 表 3-24

名称	用途
水泥搅拌机	拌合水泥浆液及灰浆浆液
砂浆搅拌机	拌合水泥砂浆
膏浆搅拌机	拌合膏浆浆液

3.5.2 混凝土缺陷的主要灌浆设备

对混凝土缺陷灌浆,设备基本由手持式微型钻孔机、化学灌浆泵、灌浆嘴(头)、量杯(桶)、搅拌器和输浆软管组成。

钻孔设备概况见表3-25。

灌浆用钻孔设备概况 表 3-25

名称	用途
电动冲击钻	混凝土结构(梁、板、柱)钻孔
电动冲击锤	混凝土结构(梁、板、柱)开孔
地质钻机(50/100/150/300 型)	混凝土底板、地梁、承台开孔;灌注桩桩体钻孔

灌浆泵系列概况见表3-26。

45

灌浆泵系列概况   表 3-26

名称	用途
手(电)动化学灌浆泵	化学浆液灌浆
针式灌浆筒	化学浆液灌浆

　　化学灌浆材料的制备不需大型搅拌设备，仅需小型电动搅拌器或塑料搅拌筒和搅拌棒即可。

第4章
地基基础工程灌浆技术

　　地基基础工程灌浆技术主要指地基处理、溶（土）洞充填、浅基础底部脱空填充加固、灌注桩缺陷补强、灌注桩桩底加固以及为增强灌注桩桩侧摩阻力和提高灌注桩桩底承载力而发展的灌注桩后灌浆技术。

　　灌浆技术中用于地基处理最成熟、最广泛的灌浆工艺是高压喷射灌浆法和袖阀管灌浆法。

4.1　高压喷射灌浆法

　　高压喷射灌浆法（旋喷法）在静压灌浆技术的基础上发展而来，利用大功率的高压泵（浆液喷射压力一般不小于15MPa，清水喷射压力通常大于30MPa）产生的高压射流，将灌浆浆液或水流通过高压管路系统输送至置入土层预定深度的钻机钻杆（灌浆管）底部，通过安装在灌浆管上特制的喷嘴喷出，以能量高度集中的高压喷射流强力冲击扰动周边土体，通过冲切、劈裂、挤压、掺搅、充填、置换和固化等综合作用，将土体在射流所及范围内重新排列组合，使浆液与土颗粒搅拌混合后凝结固化。喷射过程中灌浆管以设定的提升和旋转速度运动，形成具有一定强度的圆柱状固结体（旋喷桩），达到加固改良土体的目的，高压喷射灌浆材料通常以水泥为主，根据需要可掺入速凝剂等外加剂。

4.1.1　高压喷射灌浆法设计内容

　　旋喷桩在地基处理工程中大多按复合地基理论进行设计，对低层建筑或既有建筑地基基础加固也可按桩基理论进行设计。

　　1. 旋喷桩设计内容

　　地基处理旋喷桩设计应包括以下主要内容：

　　（1）旋喷工艺方式（单管、双管、三管或其他方式）。

　　（2）孔距、布孔形式以及桩径、桩长。

　　（3）水泥（添加剂）型号、水灰比、掺入量。

　　（4）喷射压力、提升速度、旋转速度。

　　（5）旋喷桩桩身强度、单桩承载力、复合地基承载力。

2. 旋喷桩单桩承载力计算

单桩竖向承载力标准值（kPa）可按桩周和桩端土层强度或桩身强度计算，取较小值：

$$R_{a} = \pi d \sum_{i=1}^{n} q_{si} h_i + A_p q_p \tag{4-1}$$

$$R_{a} = \eta f_{cu} A_p \tag{4-2}$$

式中　R_a——旋喷桩单桩承载力（kPa）；

　　　　d——旋喷桩的设计直径（m）；

　　　　q_{si}——桩周第 i 层土的摩擦力标准值（kPa）；

　　　　h_i——桩周第 i 层土的厚度（m）；

　　　　A_p——旋喷桩截面面积（m^2）；

　　　　q_p——桩端天然地基土承载能力标准值（kPa）；

　　　　η——旋喷桩强度折减系数；

　　　　f_{cu}——与高压旋喷桩桩身水泥土配比相同的室内加固土试块（边长为 70.7mm 的立方体）在标准养护条件下 28d 龄期的立方体试块抗压强度平均值（kPa）。

3. 旋喷桩复合地基承载力计算

高压喷射注浆复合地基承载力特征值按下式计算：

$$f_{spk} = \lambda m \frac{R_a}{A_p} + \beta(1-m) f_{sk} \tag{4-3}$$

式中　f_{spk}——复合地基承载力特征值（kPa）；

　　　　m——面积置换率；

　　　　β——桩间天然地基土承载力力折减系数，宜按地区经验取值，无经验时可取 $0.75 \sim 0.95$，天然地基承载力较高时取大值；

　　　　f_{sk}——处理后桩间天然地基土承载力特征值，宜按当地经验取值，无经验时可取天然地基承载力特征值；

　　　　A_p——桩截面面积（m^2）。

4.1.2　高压喷射灌浆法施工工艺

根据高压射流喷射方式的不同，传统的旋喷法可分为：单管法、二重管法和三重管法，近年来高压旋喷技术也在不断发展创新，新的旋喷工艺技术方法如多重管法、旋搅工法、MJS 工法等已在工程中得到了有效应用。

4.1.3　高压喷射灌浆法施工要点

旋喷施工前、施工过程中及施工完成后应重点做好以下工作：

1）施工前

由于是高压喷射，为了施工安全并达到施工效果，施工前的准备工作至关重要。旋喷桩施工前应准备的主要工作内容包括：

（1）熟知场地周边环境（建筑物、地下管线、道路、水体等），熟知地质资料并做实地勘察。

（2）施工场地布置、余泥渣土堆放场地、高压泵及制浆系统等后台设置、浆液输送管路路线等。

（3）灌浆材料是否符合设计要求以及施工过程中确保材料供应的措施。

（4）确保工程用水、用电的措施。

（5）检查高压泵的工作状况，高压密封系统是否完好、压力表是否在标定的有效期内、工作是否正常、电机是否正常运转等。

（6）输送浆液的高压管路及各个接头是否连接牢固，灌浆管（钻杆）是否符合压力要求，灌浆管上的喷嘴直径、个数、焊接安装是否符合要求。

（7）旋喷钻机操控台各个操控手柄、显示器、按钮是否正常，液压装置及链条等是否正常。

2）施工过程中

旋喷施工过程中，为保证施工质量与施工安全，应重点关注下列内容：

（1）喷射压力。压力是旋喷法中最重要的工艺参数，旋喷桩的形成主要靠超高的喷射压力，因此，施工过程中须时刻注意压力表压力的变化，瞬间变大或变小，均应停止旋喷施工，查明原因后采取措施再行施工。

（2）跳孔施工。在旋喷施工过程中，无论是地基处理还是房屋地基基础加固，由于灌浆压力属高压喷射，喷射压力扰动范围内及压力传递的挤密作用对周边土体影响非常大，若不跳孔施工，则可能导致桩与桩之间互相挤压，影响成桩质量、地面隆起，严重的可导致周边建筑物开裂、地下管线破损等后果。跳孔间序一般分 2 序孔施工即可，个别视具体情况也可分 3 序孔间序施工。

（3）浆液的配比。应严格按设计要求的配比进行浆液配制，保证单位体积或桩长的材料用量，对大型或重要工程可先行通过室内试验或现场试验来确定。

（4）应时刻注意灌浆管（钻杆）的提升与旋转速度是否符合设计要求。

（5）密切关注返浆量的变化情况，在旋喷过程中，混夹着部分浆液和置换的部分土体沿着灌浆孔孔壁从孔口返（冒）出地面，形成返浆。通过对返浆的观察，可以及时了解土层状况、旋喷的大致效果和旋喷参数的合理性等。根据旋喷桩的置换率，理论上返浆量小于灌浆量的 20%～30% 为正常，但实际工程中很难准确把控返浆量。实践中，可根据旋喷的地层大致进行判断，一般淤泥中旋喷返浆量较多，砂层中旋喷返浆量较少，黏性土中旋喷返浆量介于两者之间。施工中若某一钻孔返浆量突然明显多于或少于其他钻孔的返浆量，则应停止施工，查明原因后采取有效措施再行施工。

（6）因接驳灌浆管（钻杆）等原因停钻后重新开始旋喷作业，应在停钻位置下探至少10～30cm 与原旋喷固结体有效衔接。

3）施工完成

旋喷施工完成后，应做好下列工作：

（1）冲洗。旋喷施工完毕后，应把灌浆泵、灌浆输送管路、灌浆管（钻杆）、喷嘴等机具和设备冲洗干净，不得残存水泥浆，通常用干净的清水，在地面上用较小的压力（5～10MPa）进行喷射冲洗，时间在 5min 左右。

（2）用于房屋地基基础加固的旋喷桩，在高压喷射灌浆形成旋喷桩后，由于浆液析水作用，桩顶一般会有不同程度的收缩，使旋喷桩顶部出现凹穴，应注意及时用水灰比为0.5～0.6的浓水泥浆进行补灌。

4.2　MJS 灌浆法

MJS 工法（Metro Jet System，多孔管全方位高压喷射灌浆工法）在传统高压喷射灌浆工艺的基础上，采用了独特的多孔管和前端喷射压力传感监测装置，进行水平、倾斜、垂直各个方位（多角度）灌浆，可对浆液的高压输送、喷射、切削地层、混合、强制排泥、集中处理泥浆这一系列工序进行实时监控，实现了孔内强制排浆和地层内压力监测，并通过调整强制排浆量来控制地层内压力，大幅度减少对环境的影响，而地层内压力的降低也进一步保证了可以形成大直径桩。

4.2.1　MJS 灌浆法适用范围

在建筑工程中，MJS 灌浆法适用于下列工程：
(1) 距离周边建筑物、地铁、隧道和其他重要设施较近的基坑止水帷幕。
(2) 软土、黏性土、砂层的地基处理，可做单桩或复合地基。
(3) 距离周边建筑物、地铁、隧道和其他重要设施较近的挡土墙隔离保护。
(4) 建筑物地基基础加固。
(5) 地下多角度、全方位土体加固。

4.2.2　MJS 灌浆法施工工艺

MJS 工法采用多孔管钻进，多孔管中间有一个 60mm 的泥浆抽取管，利用虹吸原理，在倒吸水和倒吸空气适配器的作用下，将高压喷射置换出的废泥浆实时强制抽出。MJS 设备在钻头上装有地内压力感应器和排泥阀门，能够自由控制排泥阀门大小，当孔内旋喷灌浆处地内压力显示增大时，通过油压接头调整排泥阀门的大小，利用虹吸原理倒吸排出泥浆，始终保证孔内旋喷灌浆处地内压力保持正常，从而克服地基附加应力对周边土体的挤压应力，最大限度地减少对周边环境的影响。由于喷射灌浆喷嘴处的废泥浆被实时排出，从而调节泥浆排出量使其达到控制土体内压力值范围，喷嘴处的压力始终维持正常水平，避免出现挤土效应（图 4-1）。

MJS 施工流程与传统旋喷工法基本相同。需要特别注意的是，在施工过程中，应时刻关注监控控制台上孔底压力数值的变化，及时启动泥浆排放系统，始终保持孔底压力的平衡稳定。

4.2.3　MJS 灌浆法的特点

(1) 可实时监控孔内喷射和土层压力并实时将置换的废泥浆排出。
(2) 可"全方位"进行高压喷射灌浆施工，水平、倾斜、垂直及任意角度的施工。
(3) MJS 灌浆采用至少不小于 40MPa 的超高压直接喷射水泥浆液，灌浆浆液的流量不小于 90L/min，而灌浆管的提升速度仅有 5cm/min 左右、旋转速度 3～5rpm，再加上稳定的同轴高压空气的保护、及时排出切削置换的土体和泥浆以及对孔底地层内压

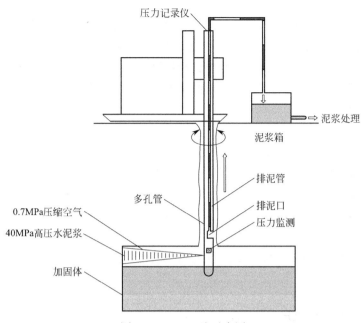

图 4-1 MJS 工法示意图

力的调整，使得旋喷桩直径大，可形成直径 2～3m 的旋喷桩固结体，且桩体离散性小、质量好。

（4）施工过程实时地排出置换的泥土废浆，克服地基附加应力对周边土体的挤压应力，最大限度地减少对周边环境的影响，也就降低了旋喷对地表变形、周边建筑物开裂、位移产生的风险，特别适合距建筑物较近的灌浆施工。

（5）旋喷施工的全过程实时监控，减少了人为因素造成的质量问题。

（6）施工效率不高，工程成本较大。

4.2.4 MJS 灌浆法与传统高压旋喷法的区别

1）压力不同

传统的旋喷法浆液喷射压力一般不小于 15MPa，清水喷射压力不小于 30MPa，而 MJS 灌浆法浆液喷射压力不小于 40MPa。

2）置换泥浆（返浆）排出方式不同

传统的旋喷法置换的废弃泥浆由于压力气举效应，从钻孔中钻杆与孔壁土层之间排出孔口，随着旋喷深度的增加，气举效应会越来越弱，排出的返浆减少，甚至堵塞返浆通道；而 MJS 灌浆法在多个孔管中间有一个 60mm 的泥浆抽取管，通过钻头上装有地内压力感应器和排泥阀门，可控制排泥阀门大小，当孔内旋喷灌浆处地内压力显示增大时，通过油压接头调整排泥阀门的大小，利用虹吸原理，在倒吸水和倒吸空气适配器的作用下，将高压喷射置换出的废泥浆实时强制抽出。

3）成桩直径和质量不同

传统旋喷法成桩直径 0.5～1.8m，成桩质量不稳定，离散性大；MJS 灌浆法浆液与土体混合均匀，成桩质量好。

4）对周边环境的影响不同

传统旋喷法在高压作用下的浆液会向地基土层内产生较大的挤压力，地基土体附加应力较大，对周边环境影响较大；MJS 灌浆法在施工过程中，在操控台上的监控系统对孔口的喷射压力和土体的围压进行实时监控，当压力传感器测得的孔内压力较高时，可以通过油压接头来控制吸浆孔的阀门大小，从而调节泥浆排出量使其达到控制土体内压力值范围，减小灌浆对环境的影响。

5）施工效率不同

传统旋喷法施工效率较高；而 MJS 由于工艺较复杂，且高压灌浆的同时要进行返浆处理，施工效率较低。传统旋喷法施工工效为 MJS 工法的 2～3 倍。

6）材料用量不同

传统旋喷桩的水泥掺入量 20%～30%；而 MJS 工法的水泥掺入量一般在 40%～50%。

7）成本不同

工效低和材料用量大，使得 MJS 灌浆法的工程成本较传统旋喷法工程成本高 3～5 倍。

4.3　袖阀管灌浆法

目前，在地基处理工程中灌浆方法应用较多的是袖阀管灌浆法（图 4-2）。袖阀管灌浆法可根据需要灌注任何一个灌浆段；由于袖阀套的作用，浆液在灌浆压力的作用下只可单向向外泄出，浆液不能从灌浆孔倒流回灌浆管内，因此根据需要可以在任意一个灌浆段反复多次进行灌浆；同样由于袖阀套的作用，包裹在灌浆孔处的橡皮阀套对压力作用下的浆液扩散起到约束作用，灌浆时浆液扩散的影响范围可控，对周边影响较小；钻孔和灌浆作业可以分开，施工效率高；施工易于操作，设备简单，占地少。

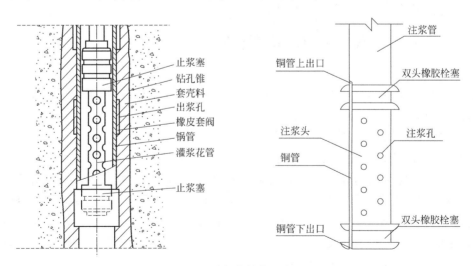

图 4-2　袖阀管结构示意图

袖阀管灌浆法作为一种适应性比较强的灌浆工艺，集中了压密灌浆、劈裂灌浆、渗入灌浆的优点，适用于大部分岩土地层的灌浆处理。袖阀管灌浆法和其他灌浆法相比，灌浆过程整体可控，因而可降低成本，经济效益显著。

4.3.1　袖阀管灌浆法设计内容

袖阀管灌浆在地基处理工程中按复合地基理论进行设计，设计应包括以下主要内容：

（1）袖阀管灌浆的钻孔深度、钻孔孔径。

（2）袖阀管灌浆的影响半径、孔距、布孔形式。

（3）袖阀管的材质要求。

（4）袖阀管上灌浆孔的孔径、数量、布孔形式，止浆皮套（袖阀）间距。

（5）水泥（添加剂）型号、水灰比、掺入量。

（6）套壳料的材料组成、配比和强度。

（7）灌浆的次数、间隔时长。

（8）灌浆后复合地基承载力。

4.3.2　袖阀管灌浆法施工要点

袖阀管灌浆应做好以下几项工作：

（1）熟悉地质资料，了解场地周边环境（建筑物、地下管线等）。

（2）适用于软土、黏性土、砂层中灌浆，灌浆深度不宜超过 30m。

（3）施工场地布置。材料进出通道、泥浆泵及制浆系统等后台设置、浆液输送管路路线等。

（4）反复多次灌浆次数不宜超过 5 次，以 3 次为宜。

（5）同一孔中两次灌浆间隔时长不宜超过 12h。

（6）套壳料需具有一定强度才可进行灌浆，套壳料的强度不宜过高（不大于 0.5MPa 为宜），否则开环压力过大会对袖阀管造成损坏。

（7）灌浆过程中如相邻钻孔冒浆、窜浆严重，可跳孔施工，一般分 2 序孔施工即可。

（8）每次灌浆完毕后，应用清水将袖阀管内清洗干净，以便重复灌浆。

（9）灌浆施工完成后若袖阀管管材留在灌浆孔中，则袖阀管可起到插筋的作用，可提高地基加固的承载力。

4.4　灌注桩后灌浆技术

灌注桩后灌浆技术是指灌注桩成桩后一定时间内，通过预设在桩身内的灌浆导管及与之相连的桩端、桩侧灌浆阀灌入水泥浆，使桩端、桩侧土体（包括沉渣和泥皮）得到加固，从而提高单桩承载力，减少桩体沉降。灌注桩后灌浆技术列入住房和城乡建设部 2017 年在地基基础和地下空间工程领域里十大新技术之一。

4.4.1　灌注桩后灌浆技术适用范围

灌注桩后灌浆技术适用于钻、冲、旋挖混凝土灌注桩，干作业的混凝土灌注桩，地下连续墙的沉渣（虚土）、泥皮的桩底和桩侧一定范围内的土体加固，对有泥浆护壁的灌注桩效果更加显著（图 4-3）。

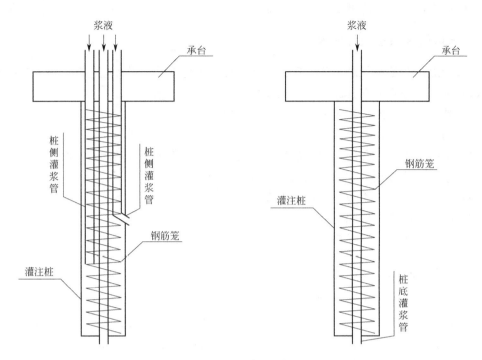

图 4-3　灌注桩后灌浆技术示意图

4.4.2　灌注桩后灌浆技术工作原理

灌注桩后灌浆技术基本上是将劈裂灌浆、渗透灌浆和挤密灌浆三种灌浆机理完美相结合的结果，即灌入的浆液克服土体主应力面上的初始压应力，使土体产生劈裂破坏，浆液沿劈裂缝隙渗入土体填充空隙，并挤密土体，促使土体固结从而提高灌浆区域的土体强度。

这种方法可以起到两方面的作用：一是加固桩底沉渣和桩侧泥皮；二是对桩底和桩侧一定范围的土体通过渗入（粗粒土）、劈裂（细粒和黏性土）和压密（非饱和松散土）灌浆起到加固作用，从而增强桩侧阻力和桩端阻力。

在桩底后灌浆，则浆液首先在桩底沉渣区劈裂和渗透，使沉渣及桩端附近土体密实，产生"挤压扩底"效应，使桩的端承力提高。灌注桩桩底后灌浆处理不仅提高了桩的端承力，在桩端以上一定范围内桩侧摩阻力也有较大提高。

在灌注桩桩侧某段面灌浆，该段范围内土体同样出现"挤压扩径"效应，从而提高桩侧土体与桩体的摩擦力，增强了桩的承载力。

资料表明，后灌浆技术可使单桩承载力提高 30% 以上。在粗颗粒土体中后灌浆桩承载力的增幅高于在细颗粒土体中后灌浆桩的承载力增幅，软土增幅最小。在桩侧和桩底同时进行复式后灌浆桩承载力的增幅高于单纯在桩底或桩侧后灌浆桩承载力的增幅。灌注桩后灌浆可使桩基的沉降减少 20% 左右。

4.4.3　灌注桩后灌浆技术施工工艺

灌注桩后灌浆技术施工工艺基本是将灌浆管与钢筋笼同时进行制作并与钢筋笼有效连

接，灌注桩成孔后下钢筋笼的同时将连接在钢筋笼上的预设灌浆管与钢筋笼同时置入孔内，待混凝土浇筑完成具有初凝强度后，通过预设的灌浆管向桩底或桩侧实施灌浆施工。基本工艺流程如下：

灌注桩成孔施工→钢筋笼制作并与预设灌浆管连接→浇注桩体混凝土后12～24h内清水疏通灌浆管→待灌注桩混凝土达到初凝强度（一般7d）后灌浆加固桩底或桩侧土体→灌浆量（或灌浆压力）达到设计要求后，停止灌浆。

需要注意的是，将灌浆管（钢管）固定在钢筋笼上，灌浆导管底部应设置单向专用灌浆阀并插入桩底土中20～30cm。由于采用单向灌浆阀，在进行桩身混凝土浇注时浆液不会灌入阀内，灌浆时浆液也不会回流。由于采用单向截流阀作出浆口，灌浆成功率较高，且压力相对稳定，灌浆效果显著。

4.4.4　灌注桩后灌浆技术使用材料

灌注桩后灌浆技术主要采用强度等级不低于42.5R的硅酸盐水泥作为灌浆材料，预设在钢筋笼上的后灌浆用灌浆管一般选用钢管，钢管应与钢筋笼用加劲筋绑扎固定或焊接，钢管也可与桩身完整性超声波检测用的检测管合二为一。

4.4.5　灌注桩后灌浆技术特点

灌注桩后灌浆技术的特点主要表现在以下几个方面：

（1）可固化灌注桩桩底沉渣，从而大幅度提高桩的承载力，减小沉降量。

（2）可降低工程造价，节约经济成本，尤其对于大直径、超长桩的作用更为显著。与普通灌注桩相比，采用后灌浆技术可以减少桩径，缩短桩长，同时可避免穿透较难穿越的岩土层，从而降低了施工难度，继而缩短了工期。

（3）灌注桩后灌浆技术适用于在各种岩土层，强、中风化岩层中的钻、冲、旋挖及干作业混凝土灌注桩，适用范围较大。

（4）施工工艺简单，方便操作，具有较强的普及性。可利用预埋于桩身的灌浆钢管进行桩身完整性超声检测，灌浆用钢管可取代等承载力桩身纵向钢筋。

4.4.6　灌注桩后灌浆施工要点

灌注桩后灌浆施工过程中应注意以下几点：

（1）灌浆管数量应根据桩径大小来定，一般桩径不大于1.2m的桩沿钢筋笼周壁对称设2根灌浆管，桩径为1.2～2.5m的桩沿钢筋笼周壁呈等边三角形设3根灌浆管，桩径大于2.5m的桩沿钢筋笼周壁呈对称形式设4～6根灌浆管。

（2）对较长的桩可分级、分高度设灌浆的出浆口，分段进行灌浆。

（3）应在灌注桩成桩2d后开始灌浆，不宜超过14d。

（4）灌浆压力不宜过大，一般1～5MPa，软土、粉质黏土取小值，黏土、风化岩取大值，以不对灌注桩体产生位移、冲切破坏为准。

（5）灌浆口应设置单向止浆阀。

4.5 灌注桩缺陷修复灌浆法

灌注桩在成桩过程中，会造成桩身出现蜂窝、裂缝、缩径、夹泥或桩底沉渣厚度过大、桩底残留原状岩土体满足不了承载力要求等问题，目前，对灌注桩出现缺陷后进行处理无非以下几种方法：

（1）原桩作废或利用原桩残值，在有条件的前提下补做同等类型的桩。

（2）改变原基础设计方案。

（3）对出现缺陷的灌注桩桩身或桩底进行修复补强。

除非不得已，第（1）、（2）种处理方法一般不建议采用。在工程实践中，对出现缺陷的灌注桩进行修复补强是较常用的方法，灌浆技术就是灌注桩缺陷修复补强的唯一的方法。

4.5.1 灌注桩桩身缺陷灌浆修复补强施工工艺

混凝土灌注桩桩身缺陷主要表现为：混凝土胶结松散、桩横断面夹泥（砂）或局部夹泥（砂）、桩身混凝土裂缝、桩体缩径等，往往通过钻孔抽芯法、声波透射法、小应变法等检测手段可判定混凝土灌注桩桩身缺陷及其位置。

当桩身存在缺陷时，首先应评估缺陷对桩质量的影响程度，再决定如何对缺陷桩进行处理，采取何种方法处理。

若采用灌浆法对桩身缺陷部位进行修复补强，具体做法如下：

（1）在桩体上利用地质钻机成孔或采用已有的抽芯孔，根据缺陷的严重程度和桩径大小，一般至少需2个钻孔，如已有一个抽芯孔，则另一个孔位尽可能对准缺陷部位布置。桩径较大（≥1.8m）或缺陷部位分布较广、夹泥（砂）或松散碎屑厚度较大时，应再增加1~2个灌浆孔。

（2）对桩身有夹泥（砂）或桩身胶结松散含较多碎屑的缺陷，利用已钻好的钻孔（非抽芯孔只需钻至缺陷部位下10~20cm处即可）采用旋喷法工艺（单管或双管旋喷）在缺陷部位上下一定范围内反复用清水冲洗，尽可能将夹泥（砂）或碎屑物质从孔口冲出来；若桩身混凝土仅有裂缝则无需高压水冲洗。

（3）在已钻好的钻孔内将灌浆管置入缺陷部位，上下可超过10~20cm进行灌浆。在灌注桩桩体上进行灌浆作业时必须要形成灌浆循环回路，即在灌注桩桩体上一个孔内灌浆时，应从另一个或两个孔中冒浆出来，在各个孔来回反复进行灌浆直至各孔均有充满的浆液冒出为止。

（4）当桩体缩径时，往往伴随着夹泥（砂）现象，可用旋喷法进行处理。

4.5.2 灌注桩桩底缺陷灌浆修复补强施工工艺

混凝土灌注桩桩底缺陷主要表现为：桩底沉渣厚度超过规范要求（端承桩≤50mm，摩擦桩≤100mm，抗拔桩≤200mm）、塌孔造成桩端缩径等，往往通过钻孔抽芯法、声波透射法、小应变法和大应变法、静载试验等检测手段可判定混凝土灌注桩桩底存在缺陷。

当桩底存在缺陷时，首先应评估缺陷对桩质量的影响程度，再决定如何对桩底缺陷进行处理，采取何种方法处理。若采用灌浆法对桩底缺陷进行修复补强，具体做法如下：

（1）在桩体上利用地质钻机成孔或采用已有的抽芯孔（图 4-4，图示仅为示意图），根据桩底缺陷程度和桩径大小，可增加或减少钻孔的数量，但最低限度不应少于 2 个钻孔，孔位尽可能利用现有抽芯孔围绕桩中心均匀布置。

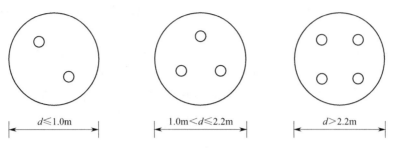

图 4-4　混凝土灌注桩缺陷灌浆修复补强钻孔示意图

（2）对桩底的缺陷，利用已钻好的钻孔（钻孔深度应钻至缺陷底部以下 20～50cm 处），采用高压旋喷法工艺（单管或双管旋喷）在桩底缺陷部位反复用清水冲洗，尽可能地将桩底沉渣或未胶结的碎屑物质从孔口冲出。

（3）在已钻好的钻孔内将灌浆管置入桩底缺陷部位，上下可超过 20～50cm 进行灌浆。在灌注桩桩底进行灌浆作业时，必须形成灌浆循环回路，即在一个孔内灌浆时，应从另一个或两个孔中冒浆出来，在各个孔间来回反复进行灌浆直至各孔均有充满的浆液冒出为止。

（4）必要时，在灌浆前可通过已钻好的钻孔向孔底投放瓜米石或小碎石。

4.5.3　灌注桩缺陷处理使用材料

（1）对灌注桩桩底缺陷处理，主要采用高于桩身混凝土强度等级的水泥浆液；

（2）对桩身混凝土缺陷处理，主要采用加固补强用环氧树脂浆液或高于桩身混凝土强度等级的水泥浆液。

4.6　溶（土）洞处理灌浆技术

石灰岩地区，由于上部强透水层中地下水的潜蚀作用与重力地质作用，溶（土）洞发育，构造复杂，大小溶洞数量多，密度大，有的呈多层串珠状分布，溶洞尺寸从几十厘米到几米，甚至几十米不等。溶洞内腔主要分为无充填物、半充填物和全充填物，充填物以砾砂、黏土或粉质黏土为主，黏性土大多呈流～软塑状。岩溶发育的灰岩地区，上覆的第四系土层有时还存在土洞。高层建筑优先选用桩基础，岩溶发育地区桩基础设计必须考虑溶洞的影响，发育的溶洞会造成灌注桩卡钻、掉钻等施工技术难题。

4.6.1　溶（土）洞对建筑基础的影响

建筑场地内若存在溶（土）洞，对建筑物基础特别是高层建筑物桩基础设计、施工和使用均会带来一定的影响，若处理不当，将产生安全隐患。

1. 溶（土）洞对建筑基础的影响

（1）对独立基础，若溶（土）洞埋深较浅，溶（土）洞顶面距独立基础底面的岩层厚度较小，则无法保证独立基础的应力扩散范围，易出现溶（土）洞塌陷现象，导致独立基础下沉。

（2）对筏板基础，一般认为筏板的整体刚度较大，基底应力较小，溶（土）洞对其影响不大，但若基底溶（土）洞出现塌陷现象，波及筏板的持力层，则可能造成筏板受力的应力集中，导致筏板开裂破坏。

（3）对端承桩基础，桩的承载力主要由桩嵌岩段的侧阻力和桩端岩体阻力提供。由于溶洞的存在，对嵌岩桩的桩侧阻力和桩端承力的发挥影响很大，特别是当垂直方向上存在串珠状溶洞时，甚至无法满足桩端需具有连续稳定的一定厚度持力层的要求，难以保证桩端基岩底板厚度满足抗冲切的要求，导致嵌岩桩的沉降量增大，甚至对建筑物的长期使用存在极大的安全隐患。

（4）对摩擦桩基础，岩土体中溶（土）洞的存在，使得穿过溶（土）洞的桩侧阻力降低，从而影响桩的正常使用。

2. 溶（土）洞对桩基础施工的影响

在有溶（土）洞的场地进行桩基施工时，由于溶（土）洞存在塌陷的风险，在施工过程中给桩基施工设备带来安全隐患，造成施工困难，表现在：

（1）成孔若用泥浆护壁，遇溶（土）洞时，会产生大量泥浆漏失，严重时造成孔壁失去支撑而坍塌，发生桩机设备倾斜、陷落等安全事故；

（2）成孔过程中若遇溶（土）洞，最常见的就是钻锤突然下沉（掉钻），极易卡钻，钻锤回收困难，补桩难度大，甚至造成桩不能使用等严重后果；

（3）溶（土）洞的存在使得混凝土灌注扩散的范围增大，混凝土流失较大，充盈系数严重超出正常范围，不仅成本增高，而且成桩质量不易保证；

（4）溶（土）洞内若有充填物存在，一般多为黏性土或岩土碎屑，由于地下水的侵蚀多呈软～流塑状，填充物的强度均较低，成孔过程中很难通过泥浆循环清孔，造成桩侧摩阻力降低或桩端底部沉渣超标，影响桩的承载能力。

4.6.2 灌浆法处理溶（土）洞设计内容

建筑地基基础工程中，若采用灌浆法处理溶（土）洞，则处理之前应对溶（土）洞进行较为详细的勘察，以查明工程范围内溶（土）洞的基本情况，对高层或重要建筑物的桩基，应做到至少一桩一孔地超前钻探。在较为详尽的勘察资料基础上，有针对性地对溶（土）洞进行分类处理设计。

一般灌浆法处理溶（土）洞设计应包括以下主要内容：

（1）灌浆法处理溶（土）洞的目的和要求；

（2）溶（土）洞的发育情况、分布范围、埋深、大小、连通情况；

（3）溶（土）洞内有无充填物、充填物性质、地下水状况；

（4）建筑物基础形式、基础与溶（土）洞的关系；

（5）灌浆工艺、灌浆的影响半径；

（6）灌浆的钻孔深度、孔径、数量；

（7）灌浆材料、配合比、掺入量。

4.6.3　溶（土）洞处理灌浆材料选择

根据溶（土）洞埋深、大小、地下水流状况和灌浆处理要求，溶（土）洞处理灌浆用材料主要有如下几类。

（1）膨润土浆液：分散性高，亲水性好，沉淀析水性较小，在动水作用下不易被水稀释，且颗粒比水泥小，可灌性好，有一定的强度和粘结力。

（2）纯水泥浆液：固结性能好，强度高，具有粘结作用，但水泥浆液凝固相对较慢，凝固后收缩性大。水泥浆液在动水情况下尚未凝固即被水稀释，容易削弱甚至起不到胶结作用。

（3）水泥-膨润土（粉煤灰）复合浆液：结合了水泥浆液和膨润土浆液的优点，具有分散性和亲水性好、固结性好、强度稍高、可灌性好等特点。

（4）水泥-水玻璃浆液：当地下水水流较大时，水泥-水玻璃浆液是溶洞处理灌浆的首选浆材，缺点是其固结体的耐久性较差，灌浆后应尽快进行后续施工。

（5）水泥-膨润土-化学复合浆液：在水泥-膨润土浆液中添加化学浆材（丙烯酸盐），起促凝、活性耦联、增稠增粘力、改善灌浆固结物被水稀释破坏的作用、早强、相互产生协同效应等，不但起充填作用，同时作为反应物质与化学剂发生反应，增大稠度，提高了有效固结率。

（6）较大的溶洞且洞内无充填或半（少）充填物，可采用先灌入碎石、泵送低强度等级素混凝土、砂浆后，再灌入水泥浆等其他灌浆材料进行充填密实。

4.6.4　灌浆法处理溶（土）洞施工要点

灌浆法处理溶（土）洞施工应做好以下几项工作。

（1）熟悉地质资料，了解需处理的溶（土）洞的基本情况。

（2）根据设计以及溶（土）洞分布范围、基础类型确定灌浆孔位布置形式和数量，以揭露存在溶（土）洞的详勘钻孔或灌注桩桩心为中心，向周边布置钻孔；根据溶（土）洞的埋深、灌浆材料选择等确定灌浆孔钻孔直径。

（3）按设计要求选择灌浆浆液材料和配方，包括水灰比、外加剂等。

（4）灌浆压力由现场灌浆试验确定，可依据溶（土）洞大小、埋深、洞体内充填情况、处理目的和要求、灌浆材料等确定灌浆压力。

（5）灌浆结束依据溶（土）洞发育情况、处理目的和要求、浆液性能等确定，包括灌浆压力控制、灌浆流量控制、灌浆压力和灌浆流量双参数控制、观测地面是否有冒浆现象等。

（6）灌浆工艺顺序依据溶（土）洞发育情况、处理目的和要求、浆液性能、地下水流等情况，可采用多序孔灌浆、间歇灌浆、复循灌浆、扫孔灌浆等施工措施，遵循先外后内的原则，先进行外围钻孔灌浆，再进行中心孔灌浆，外围灌浆可采用水泥与其他材料的复合浆液，中心孔灌浆宜采用纯水泥浆。

（7）对串珠状溶洞，宜采用下行式灌浆工艺，灌浆时自上而下根据洞内吸浆情况，逐步将灌浆管的出浆口向下对应各层溶洞内。在灌浆过程中管口应始终保持在溶洞内，有助于浆液材料在洞体内充填密实。

（8）当未能达到灌浆结束标准，即灌浆未起压时，可适当调整灌浆材料（如将水泥浆换成水泥-化学浆液或水泥-膨润土-化学浆类浆液）或浆液配比，采用间歇灌浆，复循灌浆，单、双液相结合灌浆等措施再进行灌浆，直至洞体密实充填达到设计要求。

4.6.5 溶（土）洞处理常用的灌浆施工工艺

溶（土）洞处理常用的灌浆施工工艺主要有钢管（钢花管）灌浆，袖阀管灌浆，泵送混凝土、砂浆。

1. 钢管（钢花管）灌浆工艺

传统的钢管（钢花管）灌浆工艺应用得较为广泛和成熟，适合对较大的溶（土）洞进行灌浆处理，浆液以填充、渗透和挤密等方式，将溶（土）洞内的填充物排出或填充，达到处理目的。钢管（钢花管）灌浆的缺点是可控性较差，灌浆材料浪费较大，易对周边环境造成影响。

2. 袖阀管灌浆工艺

袖阀管灌浆工艺最大的特点就是浆液在灌浆压力的作用下只可单向向外泄出，浆液不能从灌浆孔倒流回灌浆管内，可以根据溶（土）洞灌浆充填的要求在需要灌浆的部位反复多次进行灌浆；同样由于袖阀套的作用，灌浆时裹在灌浆管上灌浆孔处的阀套对压力作用下的浆液扩散起到约束作用。因此，袖阀管灌浆影响范围可控，对周边影响较小。

3. 泵送混凝土、砂浆工艺

钻孔孔径≥180mm；依据超前钻探测的溶洞埋深情况确定钻孔深度，桩中心孔钻穿溶洞后，进入溶洞底以下岩层至少0.5m；宜采用坍落度好的细石混凝土。

泵送灌入碎石、低强度等级素混凝土、砂浆后，需用水泥浆液或水泥复合浆液进行二次充填灌浆。

第5章
基坑工程灌浆技术

基坑工程的安全及周边环境的保护与地下水的控制密切相关。随着水泥土搅拌桩技术和各种地下成桩、成槽工程机械的不断创新与发展，用于建筑基坑支护与止水帷幕的工法不断涌现，如大直径搅拌桩、三轴搅拌桩、多轴搅拌桩、双轮铣CSM水泥土搅拌墙、多轴搅拌桩内插型钢工法桩SMW、混合搅拌壁式地下连续墙工法TRD、地下连续墙等设备和工艺。针对不同的地质条件和环境条件，这些技术和设备已在工程中得到了广泛的应用，取得了很好的效果。

基坑工程中的风险除支护体系的力学平衡和稳定性外，很大程度上取决于对地下水的控制，一旦基坑发生地下水渗漏，有可能伴随着大量的水土流失，若不及时封堵，将产生严重的后果。

基坑工程主要在以下几个方面用到灌浆技术：（1）基坑止水措施；（2）基坑支护体系中锚杆（索）形成锚固段；（3）基坑发生涌水、涌泥、涌砂等基坑抢险过程中；（4）为改善被动区土体的力学性能，对基坑底靠近基坑支挡结构一定范围内的被动区土体进行加固。

在基坑工程各种灌浆技术中，高压喷射灌浆法（高压旋喷法）和静压灌浆法（灌浆法）应用较多。

5.1 高压喷射灌浆法

高压喷射灌浆法即高压旋喷法，在基坑工程中应用在三个方面：（1）止水帷幕或桩间止水桩；（2）基坑底被动区土体加固；（3）土体中形成锚杆（索）扩大头。

5.1.1 高压旋喷法止水

由于搅拌桩技术的发展与创新，现在工程中大多使用搅拌桩来形成连续、完整、封闭的止水帷幕，而高压旋喷多与刚性支护结构相结合，应用在刚性支护桩间或地下连续墙槽段连接缝处作止水封闭桩。用于止水的高压旋喷固结体有圆柱（桩）形、扇形和板状形（图5-1～图5-3）。

1. 支护桩间高压旋喷桩止水

旋喷桩与刚性支护排桩（如灌注桩）相结合形成止水帷幕时，在排桩桩间布置旋喷桩（图 5-1），旋喷桩桩体与排桩之间有一定的搭接宽度，旋喷固结体与排桩表面形成良好的粘结，从而在排桩桩间形成有效的固结体防渗。桩间设置旋喷桩的数量根据地质条件和桩间距确定，以设置 2 根旋喷桩为宜，当刚性桩桩间距过大或存在中粗砂等高透水地层时，则需要设置多根旋喷桩，以保证旋喷桩之间以及旋喷桩与支护桩的有效搭接。

图 5-1　桩间旋喷结构形式

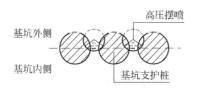

图 5-2　桩间摆喷结构形式

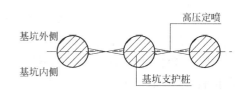

图 5-3　桩间定喷结构形式

旋喷技术除了在作业过程中按 360°旋转形成圆柱形桩体外，也可按一定旋转角度边提升边喷射形成一个扇形固结体（图 5-2），称之为摆喷墙；如角度固定不变提升喷射，则形成了一个具有一定厚度的薄壁状固结体（图 5-3），称之为定喷墙。因对旋摆的角度或定向的精准度要求较高，在实际施工过程中摆喷或定喷较难控制。因此，除特殊情况外，实际工程应用较少。

2. 地下连续墙连接缝高压旋喷桩止水

由于施工工艺，地下连续墙槽段连接部位最容易发生渗漏。针对槽段连接部位的渗漏水，除地下连续墙连接处的构造措施外，一般还在地下连续墙连接缝外侧一定范围设置旋喷桩作为止水。旋喷桩体与地下连续墙尽量紧贴在一起，在地下连续墙连接缝部位外侧形成完整的水泥土固结体，从而起到防止渗漏的作用（图 5-4）。

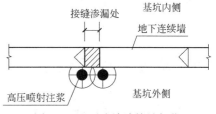

图 5-4　地下连续墙接缝部位采用旋喷桩止水

3. 灌浆材料

高压旋喷法使用的灌浆材料以水泥浆液为主，水泥-水玻璃灌浆浆液、水泥-化学复合灌浆浆液或水泥-无机复合灌浆浆液为辅，必要时可单独使用化学灌浆材料。

4. 高压旋喷桩止水设计的主要内容

（1）目的：形成连续、完整、封闭的止水帷幕；支护桩桩间止水；地下连续墙连接缝部位止水。

（2）工艺方式：双管、三管、MJS 工法或其他。止水旋喷桩不宜采用单管法。

（3）固结体形式：桩、扇形、板状。

（4）孔位布置：高压旋喷孔孔位平面位置，布孔形式、孔距。

（5）桩体参数：高压旋喷桩桩径、桩长，桩与桩之间的搭接宽度。

（6）灌浆材料：灌浆浆液及配比、掺入量。

（7）施工参数：喷射压力、提升速度、旋转速度。

（8）质量参数：固结体渗透系数、桩身强度。

5. 旋喷桩止水设计要点

旋喷桩作止水时，相邻两根桩必须互相切割搭接，搭接部位的厚度小于旋喷桩的直径，故旋喷桩形成止水帷幕时，旋喷桩搭接部位的宽度是防渗体的实际有效宽度，如图 5-5 所示。搭接部位的有效宽度按下式计算：

$$e = 2\sqrt{d^2 - \left(\frac{s}{2}\right)^2} \tag{5-1}$$

式中　e——两根旋喷桩搭接厚度（重合部位厚度）（m）；

　　　d——旋喷桩半径（m）；

　　　s——旋喷桩孔孔距（m）。

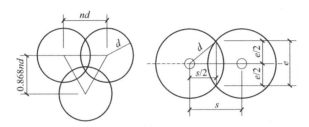

图 5-5　旋喷止水帷幕的有效宽度

对于基坑工程中的止水帷幕有效厚度，目前尚没有成熟的理论研究，因此工程实践中仍然以经验设计为主，一般止水帷幕有效厚度 300mm 以上是可以满足止水要求的。

5.1.2　高压旋喷法加固土体

根据地质勘察资料，若基坑底存在软弱土层，为防止支护结构失稳或者发生管涌，常沿基坑支护桩在被动区一定范围内进行土体加固处理。若基坑未开挖，多采用搅拌桩；若基坑已开挖，受基坑底空间条件限制，常采用旋喷桩。

基坑底旋喷桩土体加固处理，可按复合地基设计，加固的范围和深度应根据地质资料和支护结构稳定性验算结果确定。如仅是土体加固，桩的布置形式可以呈格构梁形状或形成完整固结体形状；如兼具防管涌作用，则应按能形成完整固结体形状布设。在基坑底进行旋喷施工宜采用单管旋喷或双管旋喷工法作业，具体要求可参考第 4 章有关内容。

高压旋喷法应用于基坑底土体时，灌浆材料主要是水泥浆液，必要时可加少量的速凝剂。

5.1.3　高压旋喷法形成锚杆（索）扩大头

基坑的桩锚支护体系中，因为土层地质条件或邻近建筑基础等，锚杆（索）的锚固端需形成一段比钻孔孔径大的扩大头固结体（图 5-6），达到给锚杆（索）提供足够的锚固力或减少锚杆（索）长度的目的。目前，在锚杆（索）钻孔中形成扩大头的方法一种是机械扩张法，另一种是高压旋喷法。

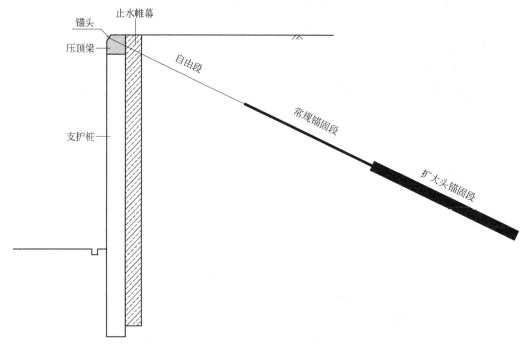

图 5-6　扩大头锚杆（索）示意图

高压旋喷形成锚杆（索）扩大头的设计与施工，应综合考虑场地周边环境、工程地质和水文地质条件、建筑物结构类型和性质等因素，有效地利用扩大头锚杆的力学性能。扩大头应设置在稍密或稍密以上的碎石土、砂土、粉土以及可塑或可塑状态以上的黏性土中，不宜设在淤泥或淤泥质土等软弱土体之中。

（1）扩大头锚杆（索）自由段的长度应按穿过潜在破裂面之后不小于锚孔孔口到基坑底距离的要求来确定，可按式(5-2) 计算（图5-7），且不应小于10m；当扩大头前端有软土时，锚杆（索）自由段长度还应完全穿过软土层。

$$L_{\mathrm{f}}=\frac{(h_1+h_2)\sin\left(45°-\dfrac{\varphi}{2}\right)}{\sin\left(45°+\dfrac{\varphi}{2}+\alpha\right)}+h_1 \tag{5-2}$$

式中　L_{f}——锚杆（索）自由段长度；

h_1——锚杆（索）锚头中点至基坑底面的距离（m）；

h_2——净土压力零点（主动土压力等于被动土压力）到基坑底面的深度（m）；

φ——土体内摩擦角（°）；对非均质土，可取净土压力零点至地面各土层的厚度加权平均值。

（2）扩大头长度尚应符合灌浆体与杆体间的粘结强度安全要求，应按下式计算：

$$L_{\mathrm{D}}\geqslant\frac{K_{\mathrm{s}}T_{\mathrm{ak}}}{n\pi d\xi f_{\mathrm{ms}}\psi} \tag{5-3}$$

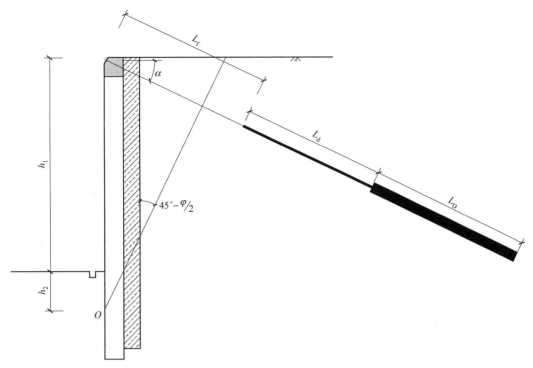

图 5-7　扩大头锚杆（索）自由段计算简图

式中　L_D——锚杆（索）扩大头的长度（m），当杆体自由段护套管或防腐涂层进入到扩大头内时，应取实际扩大头长度减去搭接长度；

　　　K_s——杆体与灌浆体粘结安全系数，可按表 5-1 取值；

　　　T_{ak}——锚杆抗拔力特征值（kN）；

　　　d——杆体钢筋直径或单根钢绞线直径（mm）；

　　　f_{ms}——杆体与扩大头灌浆体极限粘结强度标准值（MPa），通过试验确定；当无试验资料时，可按表 5-2 取值；

　　　ζ——采用 2 根及 2 根以上钢筋或钢绞线时，粘结强度降低系数；竖直锚杆（索）取 0.6～0.85；水平或倾斜向锚杆（索）取 1.0；

　　　ψ——扩大头长度对粘结强度的影响系数，由试验确定；无试验资料时，可按表 5-3 取值；

　　　n——钢筋的根数或钢绞线股数。

杆体与灌浆体粘结安全系数 　　　　　　　　　表 5-1

等级	锚杆（索）破坏的危害程度	锚杆（索)抗拔安全系数 K		杆体与灌浆体粘结安全系数 K_s	
		临时锚杆(索)	永久锚杆(索)	临时锚杆(索)	永久锚杆(索)
Ⅰ	危害大且会造成公共安全问题	2.0	2.2	1.8	2.0
Ⅱ	危害较大但不至于造成公共安全问题	1.8	2.0	1.6	1.8
Ⅲ	危害较轻且不至于造成公共安全问题	1.6	2.0	1.4	1.6

杆体与灌浆体极限粘结强度标准值　　　　　　　　　　　表 5-2

粘结材料	粘结强度标准值 f_{ms}(MPa)
水泥浆或水泥砂浆与螺纹钢	1.2～1.8
水泥浆或水泥砂浆与钢绞线	1.8～2.4

注：水泥强度等级不低于 42.5，水灰比 0.4～0.6。

扩大头长度对粘结强度影响系数 ϕ 建议值　　　　　　　　表 5-3

锚固地层	土层			
扩大头长度(m)	2～3	3～4	4～5	5～6
粘结强度影响系数 ϕ	1.6	1.5	1.4	1.3

（3）扩大头直径应根据土质和施工工艺参数通过现场试验确定；无试验资料时，可按表 5-4 选用，或者根据类似地质条件的施工经验选用，施工时应通过现场试验或试验性施工予以验证。

扩大头直径参考值　　　　　　　　　　　　　　　　表 5-4

土层性质		扩大头直径(m)		
		水泥浆扩孔	水和水泥浆扩孔	水和水泥浆复喷扩孔
黏性土	$0.5 \leqslant I_L < 0.75$	0.4～0.7	0.6～0.9	0.7～1.1
	$0.25 \leqslant I_L < 0.5$	—	0.5～0.8	0.6～1.0
	$0 \leqslant I_L < 0.25$	—	0.4～0.7	0.45～0.9
砂土	$0 < N < 10$	0.6～1.0	1.0～1.4	1.1～1.6
	$11 < N < 20$	0.5～0.9	0.9～1.3	1.0～1.5
	$21 < N < 30$	0.4～0.8	0.8～1.2	0.9～1.4
砾砂	$N > 30$	0.4～0.9	0.6～1.0	0.7～1.2

注：I_L 为黏性土液性指数；N 为标准贯入锤击数。

高压旋喷法用于形成锚杆（索）扩大头时，宜采用早强型高强度等级（42.5R 及以上）的硅酸盐水泥制成的灌浆材料，必要时可在浆液中添加速凝剂。

高压旋喷法用于形成锚杆（索）扩大头的方法和原理也可用于竖向的抗浮锚固（索）。

5.1.4　高压旋喷法施工要点

（1）旋喷桩用作止水时，宜选用三管旋喷或 MJS 等施工工艺。施工过程中应特别关注施工参数：喷射压力、提升速度及旋转速度等的变化情况。因为高压旋喷桩的质量除与地质条件有关外，还与喷射压力、提升速度及旋转速度等施工参数有关，尤其是对桩的直径影响较大。旋喷桩作为止水桩时，要保证桩与桩之间相互咬合搭接，对桩径的要求比较高，因此需严格按设计或经试验确定的喷射压力、提升和旋转速度进行施工。

（2）旋喷桩用作基坑底被动区的土体加固时，宜选用双管或单管旋喷施工工艺。因临近支护桩，因此需控制喷射压力不能过大，以防对支护桩造成影响。

（3）旋喷桩用作锚杆（索）扩大头的扩孔时，宜选用单管旋喷施工工艺。需注意提升速度与旋转速度不宜过快。

（4）灌浆浆液通过高压灌浆泵从高压灌浆管输送到旋喷机进行喷射，灌浆管的长度、喷射的深度等会造成浆液压力有一定的损失，因此应注意高压灌浆泵与灌浆喷射作业面的距离不宜过远，一般控制在30m左右较为合适。

5.2　静压灌浆法

静压灌浆法即灌浆法，在基坑工程中主要应用在如下方面：（1）卵砾石地层中基坑开挖的止水；（2）基坑支护体系中锚杆（索）形成锚固段；（3）发生涌水、涌泥、涌砂等基坑抢险过程中；（4）为改善被动区土体的力学性能，对基坑底靠近基坑支挡结构一定范围内的被动区土体进行加固。

5.2.1　灌浆法止水

当基坑开挖地层存在卵砾石层或有溶（土）洞，受地层影响搅拌桩、旋喷桩等方法不能形成完整有效的止水帷幕或形成不了有效的固结体阻隔地下水，无法满足基坑止水要求时，为形成有效的止水屏障，灌浆法是可行的首选方法。

5.2.1.1　卵砾石层中灌浆工艺的选择

灌浆法包括钢管灌浆法、钢花管灌浆法和袖阀管灌浆法等。由于卵砾石颗粒尺寸和质量均较大，卵砾石颗粒之间骨架相互支撑，骨架间空间较大，使得地层总体的空（孔）隙较大，空（孔）隙率高，渗透性较强。在压力作用下，灌浆浆液比较容易在地层中充填和渗透，并不扰动和破坏卵砾石地层颗粒间原有的结构，浆液只是在颗粒之间的空（孔）隙做填充和渗透运动；随着灌浆量的增加，浆液逐步占据了空（孔）隙后，堵塞了水流渗透路径和通道；待浆液固结后，包裹着土颗粒与卵砾石骨架之间形成整体，从而达到止水的效果。因此，在卵砾石中进行灌浆，宜选择一次性出浆量大的钢管灌浆法或钢花管灌浆法，不宜使用少量多次的袖阀管灌浆法。

5.2.1.2　钢管与钢花管灌浆法

钢管灌浆与钢花管灌浆在施工和原理上基本属同一种类型的灌浆方法，既有相同之处又有细微的区别。

1. 钢管灌浆与钢花管灌浆的相同点

（1）需要地质钻机成孔。

（2）需先在钻孔中置入钢套管（外管），灌浆时在钢套管内将灌浆管（内管）插入到灌浆部位。

（3）灌浆作业需一次完成，需有较大的灌浆流量。

（4）灌浆完成后需将钢套管（外管）拔出回收。

（5）可进行单液或双液灌浆。

2. 钢管灌浆与钢花管灌浆的区别

（1）钢管的外管完整，管壁上无需开小的出浆孔；而钢花管则需在外管的管壁上开若干个小的出浆孔。

（2）钢管灌浆的出浆口在外管底部，在压力作用下浆液从外管底部先向下喷出，在气举力的作用下再向上反涌渗透和填充，形成以孔底为中心的球状包裹灌浆体（见图2-4），符合球状灌浆理论模型；而钢花管灌浆的出浆口在外管的侧壁，在压力作用下浆液从外管侧壁上开的小的出浆口喷出，向地层中做水平向的渗透和填充，形成以外管为中心的柱状包裹灌浆体（见图 2-5），符合柱状灌浆理论模型。

（3）钢管灌浆止浆塞安装在钻孔的孔口，只对钻孔上部孔口进行止浆封闭，底部则呈开口状态，灌浆过程整个钢套管（外管）管内充满浆液；而钢花管灌浆则只在钢管侧壁上有灌浆口的部位上下进行封闭，止浆塞安放在有灌浆孔的外管上下两处，灌浆时除封闭处的外管内充满浆液外，其他外管内则没有浆液充填。

3. 灌浆材料的选择

选择适宜的灌浆材料，是在卵砾石层中取得良好防渗效果的关键。要根据水文地质条件以及地下水渗流流速、水质情况，结合灌浆工艺和工程现场条件，选择灌浆材料。

钢管或钢花管灌浆在渗透系数较大的卵砾石地层中不宜采用纯水泥浆液灌浆，水泥膏浆和水泥-膨润土或黏土的复合灌浆材料在水流坡度较缓的条件下可以作为灌浆材料在卵砾石层中使用。当地下水流速较大时，一般选择水泥-水玻璃浆液或水泥-化学浆液作为灌浆材料对地下水进行封堵，根据情况也可选择酸性水玻璃或纯化学灌浆材料。

4. 钻杆灌浆法

钻杆灌浆法又称钻灌一体化灌浆法，顾名思义就是通过用于成孔的钻机钻杆将灌浆浆液灌入地层中。钻杆灌浆法是对传统的钢管灌浆法在设备上的一种改进，传统的钢管灌浆法是先用钻机成孔后将钻杆拔出，将钢套管（外管）置入钻孔之中相应部位，封闭钻孔孔口，再从钢套管内插入灌浆管（内管），通过内管从钢管底部灌入浆液。而钻杆灌浆法将钻机成孔、置入钢套管（外管）、安放灌浆管（内管）、灌浆等几个分开的步骤合为一体，钻机的钻杆既可作为钻杆钻孔使用又可作为灌浆管使用，特点是钻机成孔后无需另外再下灌浆的钢套管和灌浆管，钻机钻到需灌浆的部位后，启动灌浆泵将配置好的浆液直接输送至钻机钻杆中灌入地层，省去了二次下套管及灌浆完成后回收拔套管的步骤，大大提高了灌浆效率。

5.2.1.3 灌浆法在卵砾石层止水的设计要点

1. 工程调查

在对卵砾石层进行灌浆设计前，应详细调查以下工程情况：

（1）详细了解工程地质条件，重点分析卵砾石层的分布情况；

（2）场地地下水文地质条件，重点分析地下水的补给、渗流速度和水质水量；

（3）基坑设计方案以及周边环境情况。

上述调查内容对灌浆的工艺、材料的选择至关重要，在工程进度和造价方面产生重要的影响。

2. 钻孔孔距、排距设计

一般根据灌浆浆液的扩散半径来确定灌浆孔的孔距和排距。在灌浆压力作用下，灌浆浆液在卵砾石地层中沿着空（孔）隙、裂隙进行充填、渗透运动，浆液在地层中始终是沿着阻力最小的方向做无规则运动，灌浆浆液在地层中无法形成一个规则的固结体，并不存在一个可以测量的固结体半径。因此，采用灌浆扩散平均影响半径来进行灌浆孔孔距设计计算更加准确，可反映灌浆法灌浆的实际意义。

根据地层的空（孔）隙率和渗透系数，工程中一般将灌浆孔孔距设计为 1.0～2.0m，排距为 0.5～1.0m（图 5-8）。

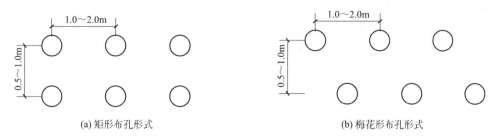

(a) 矩形布孔形式　　　　　　　　　　　　(b) 梅花形布孔形式

图 5-8　灌浆孔孔距、排距示意图

3. 灌浆压力

灌浆压力是影响灌浆浆液在卵砾石地层内扩散范围的一个重要因素，由于卵砾石层孔隙较大，浆液易于流动，且以防渗为目的的灌浆应以渗透性灌浆为主，故而灌浆压力不宜过大，否则不仅造成浆液的浪费，而且未必能起到好的防渗效果。

在卵砾石地层中以止水为目的的灌浆，灌浆压力以不超过 2MPa 为宜。

5.2.1.4　灌浆法在卵砾石层止水的施工要点

（1）卵砾石地层中成孔需注意卡钻、塌孔等问题发生，可采取泥浆护壁、跟进套管钻进等手段予以解决。

（2）在卵砾石层中灌浆时，特别是密实性、均匀性较差的地层中，浆液会沿某个阻力最小的松散部位渗流流动，形成一个脉状通道，呈现跑浆现象。灌浆时不宜采用较大的灌浆压力，同时灌浆过程中应时刻关注周边环境以及单孔灌浆量的变化情况，及时排除异常。

（3）灌浆结束标准以灌浆压力瞬间增大且能稳压一定时间最为理想。灌浆过程中，若一直不起压，而且灌浆量超过计算的灌浆量较多时，则应暂停灌浆重新对灌浆设计进行调整，找出问题；若相邻地面处有较为密集的返浆，尤其是周边某几个区域范围内均匀返浆，则说明浆液在地层中充填较为饱满。

（4）因为浆液在卵砾石地层中的扩散路径非常复杂，以灌浆量为控制结束的标准，尚无法确保灌浆止水的效果，应结合压力、冒浆、周边地表地形变化等综合因素来进行判断是否结束灌浆。

5.2.2　基坑工程中的锚固灌浆

将受拉杆件的一端固定于岩（土）体内，另一端与工程结构物连接，以承受由于土压力、水压力或其他外力施加于结构物的推力或上举力，从而利用岩（土）体的内在抗力维持结构物的稳定。这种技术的设计和施工统称为锚固技术或锚固法。

我国锚固技术在基坑支护、边坡加固、滑坡治理、地下结构抗浮、挡土结构锚固和结构抗倾覆等工程中得到广泛的应用，积累了丰富的工程经验；目前除了基坑支护工程等临时性锚固外，还在许多工程中用作永久性的加固措施，如用以稳定高边坡、防止坝体、桥台和输电铁塔的倾覆，烟囱及桥基的加固等。

当前锚固技术有多种不同的类型，除了 5.1.3 节叙述的扩大头锚杆（索）外，大多数在天然地层中形成锚固段的方法采用钻孔灌浆为主，即钢管灌浆法或利用锚杆钻机钻灌一体化进行灌浆，称为灌浆锚杆（索），其受拉杆件为钢筋、钢绞线等不同类型，施工工艺有静压灌浆、压力灌浆、化学灌浆等。

5.2.2.1 灌浆法锚固的作用机理

锚固法的受拉体孔壁周边的抗剪强度由于地层土质不同、埋深不同以及灌浆方法不同而有很大的变化和差异。对于锚固体抗拔作用原理可从其受力状态进行分析。如图 5-9 所示是典型的锚杆（索）的锚固段，如将锚固段灌浆体作为自由体，其作用力受力机理为：

当锚固段受力时，拉力 T_i 首先通过受拉体周边的握裹力 u 传递到灌浆体中，然后再通过锚固段钻孔周边的地层摩阻力传递到锚固的地层中。

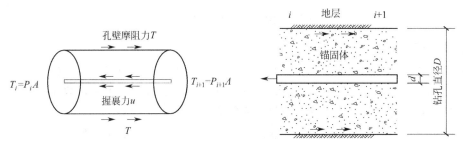

图 5-9　灌浆锚杆锚固段受力状态

因此，无论何种锚固形式，锚固的实质是通过地层对杆体的作用，使杆体能够提供一定的作用力，灌浆法灌浆形成的固结体包裹钢筋（钢绞线）产生的握裹力，同时固结体与钻孔周边土体产生摩擦力共同抵抗外加的拉力，达到锚固的目的。

5.2.2.2 基坑锚固灌浆的设计要点

1. 设计的主要内容

锚固灌浆设计的主要内容有：

（1）单根锚索设计拉力的计算；

（2）锚固体的间距、锚杆的倾角、锚固的层数、自由段长度等参数设计；

（3）锚杆杆体材料；

（4）锚固灌浆材料、灌浆压力、锚固段长度以及是否需二次灌浆等。

2. 设计要点

锚固的最终目的是通过杆体提供相应的作用，故锚固的效果主要决定于杆体、锚固体和锚固的地层三方面。

锚固的杆体主要为钢筋、钢绞线等传统强度较高的钢材。近年来也出现一些新型杆体材料，如玻璃钢纤维杆。由于杆体材料强度一般较高，锚固的承载力主要取决于锚固体和锚固地层。设计时采用的杆体强度一般高于地层的锚固作用，也就是说，当锚固出现破坏时，一般不允许出现杆体破坏的形式。

锚固的灌浆材料可以选择水泥浆、水泥砂浆或者化学浆。水泥、水和骨料是组成锚固体灌浆的基本材料。水泥砂浆的骨料要求使用中砂，并经过筛选和清洗，泥质和有机质等含量应在 3% 以下。水泥砂浆具有结石收缩率小，强度较高等特点，在永久性工程中应优先考虑采用。实际工程中，较多采用水泥净浆，具有施工方便、可灌性好的特点。为了避免水泥净浆的结石收缩率大引起的不利影响，在首次灌浆时，往往采用较小的水灰比，为了改善可灌性，可添加适量高效减水早强复合外加剂等，也可添加适量微膨胀剂，提高灌浆固结体和岩土体的粘结强度，减少灌浆体结石收缩裂隙。

锚固法的锚固段设置的地层或岩层应该有一定的自身稳定性，能够提供较大的锚固力，锚固体和周边岩（土）体之间具有较小的蠕变特性等条件。

5.2.2.3　锚固灌浆的施工要点

锚固技术发展迅速，主要是由各种高效率的锚杆钻机的问世及部分有特殊施工工艺的专利设备促成。从安全和经济的角度，在各种不同的地质条件下，采用何种设备、工艺，是锚杆施工中的重要环节。设备选用合适，工艺合理，才能发挥锚固的经济效益。此外，控制好施工质量，也是锚固技术可靠性的重要保证之一。

锚固体的承载力受到地层分布、施工设备、施工工艺等多方面因素影响，因此实际的锚固承载力应通过工艺性试验确定。以基坑工程的锚索为例，锚索在大规模施工前，应选取具有代表性的位置进行预先施工，并进行承载力的基本试验，以确定锚索承载力是否能够满足设计要求。

锚索工艺性试验要点如下：

（1）试验应在锚固体强度达到设计强度 75% 后进行；

（2）加载装置的额定压力必须大于最大试验压力，且试验前应标定；

（3）计量仪表的精度应满足试验要求；

（4）最大试验荷载不小于设计荷载；

（5）当试验至设计要求荷载并维持一段时间后，进行卸载，即可认为基本试验满足设计要求。

锚固灌浆过程中应注意：

（1）钻孔前应根据要求确定孔位并定出标志，孔距应按设计要求；

（2）针对地层条件，选择合适的施工设备和合理的施工工艺，如成孔时采用泥浆护壁工艺，应注意泥浆浓度对孔壁形成的泥皮影响抗拔承载力，对松散地层、软土层等易坍孔的地层，宜采用套管跟进成孔；

（3）由于锚索一般都有一定的倾角，无论采用何种设备、清孔工艺，孔底不可避免地存在沉渣，为避免影响锚固的承载力，钻孔深度应超过设计长度 0.5~1.0m；

（4）经试验表明，当锚固体采用水泥浆或者水泥砂浆时，加入速凝剂、早强剂等对锚索张拉时间的缩短作用并不明显，故锚索的张拉试验不宜过早；

（5）锚索施工时应跳孔作业，减少对相邻锚固体的影响；

（6）由于基坑的锚固是很多单点的支护结构共同抵抗外部土压力，因此对单个的锚固体，要求承载力均有可靠的保证，否则某几个锚固体承载力不足时，极可能出现骨牌效应，导致基坑整体坍塌。因此在锚索张拉时，应坚持每根锚索张拉至设计值，再回放至锁定值锁定，以确保每个锚固体的承载力均是满足设计要求的。

5.2.3　基坑渗漏水治理中的灌浆技术

基坑发生侧壁渗漏水、涌泥、涌砂甚至坍塌等工程事故时，灌浆技术在此类工程治理与抢险中发挥着重要的作用。

71

5.2.3.1 基坑侧壁渗漏水、涌泥、涌砂处理

（1）基坑侧壁发生渗漏水、涌泥、涌砂，基本上是由于止水帷幕的完整性被破坏，如地下连续墙接头、搅拌桩搭接处等薄弱面或支护桩桩间止水失效所引起。灌浆法作为一种设备简单、施工方便的渗漏水治理工艺，治理效果快捷、立竿见影，在基坑的渗漏水、涌泥、涌砂等抢险治理中得到了广泛的应用。其基本原理是通过灌浆设备将浆液在一定的压力作用下灌入基坑侧壁外侧的土层中，浆液固化以后堵塞渗漏水通道，并与原止水帷幕形成整体，实现对渗漏水、涌泥、涌砂的封堵和固结。

（2）基坑侧壁发生渗漏水以及涌泥、涌砂，危险时应先立即在基坑内采取压砂包、回填黏土甚至混凝土等应急措施，待基坑位移基本得到控制、坍塌的风险解除或者降低后再进行灌浆加固处理。

（3）灌浆工艺一般采用钻孔灌浆法，可以采用钻灌一体化灌浆、钢管灌浆和钢花管灌浆。

（4）基坑侧壁渗漏水、涌泥、涌砂的封堵和固结治理成败的关键在于灌浆材料的选择，需要浆液具有快速凝结和早强的性能。目前比较常用的灌浆材料是水泥-水玻璃双液浆和发泡型聚氨酯。近年来，一些新型的快速固化材料不断研发出来并用在实际工程的治理和抢险之中，可参考本书第 3 章的有关内容。

（5）在实际施工前，应对渗漏水以及涌泥、涌砂情况、发生原因和渗漏水通道位置等信息进行收集和分析，并确定合理的处理方案、施工工艺和灌浆材料，以保证灌浆施工有的放矢。

（6）基坑侧壁的渗漏水、涌泥、涌砂灌浆治理通常是在动水条件下施工，而浆液的堆积、凝固需要一定的时间和距离，若水流较大，就会造成浆液没有固结的时候被水流冲散，因此在灌浆施工前需要采用黏土、砂包等对基坑侧壁渗漏水处进行适当地封堵或者采取回填措施。灌浆孔布设不宜距离基坑边线过近，应至少离开 1～2m 的距离。

（7）灌浆顺序应由远至近，先灌外围的孔再逐步向基坑边上的孔靠近。

（8）基坑侧壁的渗漏点位置，有时并不一定对应着渗透水的通道，也有可能是附近其他部位止水帷幕破损，地下水经绕流后，从侧壁上较薄弱的部位流出。点式的灌浆直接针对渗漏水通道时，对渗漏水治理可以起到立竿见影的效果，反之，受到浆液扩散半径的影响，有可能事倍功半，甚至灌入大量浆液仍没有效果。因此，基坑侧壁渗漏水治理前，应重点查明渗漏水通道的位置和渗漏水来源，若无法查明，则应扩大灌浆范围，或者在基坑内外结合进行灌浆。

5.2.3.2 基底涌水处理

1. 基底涌水的原因

（1）基坑止水帷幕在基底以下未能形成止水的封闭结构（图 5-10）

这种情况分为两种原因。一种是客观原因造成，基底以下存在较深厚的承压含水层，基坑止水帷幕无法穿透该含水层，在竖向难以形成完整的止水帷幕将含水层隔断，基坑开挖过程中改变了土体中地下水的渗流状态，基坑底部的弱透水层可能

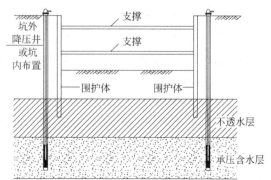

图 5-10　承压含水层悬挂式止水帷幕示意图

产生管涌、突涌等情况，危及基坑施工的安全；另一种是主观原因造成，由于止水帷幕深度较大，在底部形成薄弱点，实际上与施工技术和施工质量都有一定的关系。

（2）场地勘察期间的勘察孔未能有效封闭

场地勘察期间，一般勘察孔都会钻孔至中风化～微风化层，因而勘察孔实际连通了上部潜水层、中部的承压含水层（如有分布的情况）、基岩裂隙含水层。在基坑开挖过程中，如果勘察孔中的水位高于基坑开挖面，就会出现基底涌水的现象。

（3）深大基坑开挖面接近裂隙发育的基岩且基岩裂隙水较为丰富时

近年来，随着基坑工程深度不断加深，大量的基坑开挖面位于或者接近风化岩层，而目前施工设备、技术尚无法针对基岩裂隙水形成有效的止水措施，因而基底若出现基岩裂隙水涌水，往往处理难度大、费用高。

2. 治理方法

针对基底涌水的不同情况，采取的治理方法有所区别。

1）基底水平止水帷幕

无论是客观原因还是主观原因导致基底以下止水帷幕没有封闭，基底涌水都是由于基坑底部土层无法抵抗来自承压水或者基坑内外水头差的顶托作用，土层在水压作用下破坏，目前常用的方法是在基底形成有效的隔水层，具体做法主要有两种。

（1）高压旋喷灌浆固结法

即在基坑底部通过高压旋喷灌浆的方式形成一层整体的底板，通过提高基底土体的强度，达到抵抗水压的目的。考虑到经济因素，实际应用中，也未必会在基底满堂布置灌浆孔。可以采取分区施工的方法，随着施工范围不断扩大，使基底涌水量不断减小，最终能够满足基坑继续开挖和主体结构施工的条件即可。

（2）化学灌浆法

在基坑底部一定深度范围内通过灌注的浆液堵塞土体中的孔隙，同时加固土体，使基坑底部形成不透水的加固土层。该加固土层上部的土压力与水压力相当，进而解决基底涌水的问题。化学灌浆法对于基底点式涌水的情况，针对性强，效果好，对于存在大面积涌水通道的，适用性较差。

2）基岩裂隙水灌浆治理

当基岩裂隙水水量不大时，可以首先考虑降排水的方案；当基岩裂隙水水量较大，有时在岩溶地区与岩溶水相连通时，就目前的技术条件而言，针对基岩裂隙进行灌浆是唯一可选的方案。针对基岩裂隙进行灌浆，需要设计灌浆孔位、灌浆材料、灌浆参数等，与常规的灌浆设计流程类似。但是需要指出的是，基岩裂隙连通性往往比较复杂，点式的注浆难以解决面上的问题，故而在灌浆孔布置、灌浆量的预估方面存在较大的难度，灌浆应根据实际治理的效果实时调整参数。

5.2.4 灌浆法加固土体

基坑工程中为改善被动区土体的力学性能，对基坑底靠近基坑支挡结构一定范围内的被动区土体进行加固，除前述的高压旋喷法外，也可选择灌浆法对土体进行加固。灌浆法加固被动区土体基本上采用袖阀管灌浆工艺，袖阀管灌浆法的设计与施工同地基处理的要求，可参考本书第4章的有关内容。

第6章
建筑结构渗漏水治理灌浆技术

建筑结构的渗漏问题较为普遍,根据有关部门对商品房质量问题的投诉调查显示,针对渗漏水问题的投诉所占比例最大,约60%。一旦发生渗漏水,不仅会给建筑的施工、管理和人们的正常使用带来诸多不便,而且长此以往还会给建筑结构安全带来隐患,以致造成经济损失。

建筑结构渗漏水的具体原因涉及建筑设计、施工、材料和管理维修等多方面,渗漏的发生要具备三个条件:(1)有水的来源;(2)建筑结构中的构造缝(施工缝、结构缝)防水措施没有做好或结构存在缺陷(裂缝、蜂窝、麻面、砂眼),以及预留的孔洞密封不好;(3)结构部位能接触到水。当这三个因素结合起来就造成了建筑结构渗漏水。

建筑结构渗漏水治理较复杂,由于渗漏水原因、部位、渗漏方式各不相同,因此对渗漏水治理只能具体问题具体分析,根据实际情况采取相应的治理措施。

6.1 建筑物易发生渗漏水的部位

建筑物发生渗漏水的原因较多,设计、施工、材料、使用、修缮等建筑全寿命周期均有可能发生渗漏,凡是接触水的建筑结构部位都有发生渗漏的可能。工程中常见的建筑物发生渗漏水的部位有:

(1)施工缝(后浇带)和结构缝(变形缝);

(2)地下室侧墙、建筑外墙;

(3)地下室底板、顶板;

(4)屋面顶板、各层楼面板;

(5)屋面女儿墙与屋面顶板结合处;

(6)窗台四角及厨房、卫浴室楼面板;

(7)地漏口、竖向管线接驳口处。

这些易发生渗漏水的部位,均符合建筑结构发生渗漏水的三个条件,本章对在建筑工程中具有代表性的、较常见的结构部位渗漏水治理做详细的介绍。

6.2　灌浆技术处理施工缝（后浇带）的渗漏水

施工缝指在混凝土浇筑过程中，因设计要求或施工需要分段浇筑，而在先、后浇筑的混凝土之间所形成的接缝。施工缝并不是一种真实存在的"缝"，它只是因先浇筑混凝土超过初凝时间，与后浇筑的混凝土之间存在一个结合面，该结合面就称之为施工缝，又称之为"冷接缝"。而后浇带设置主要解决超长结构因自身收缩过大或两侧结构荷载差异大、变形大而采取的临时分段措施。施工缝（后浇带）位于建筑结构施工接槎处，处理不好很容易产生渗漏水，因此在实际施工中最好不留或少留施工缝，但由于受到支模及施工条件或混凝土无法一次浇筑完等限制，在大型建筑工程中留设施工缝（后浇带）的做法较为普遍。

6.2.1　施工缝（后浇带）的防水构造

目前对施工缝处的防水处理一般采用楔口缝、平口缝、阶梯缝或者止水带（缓膨型橡胶止水带）、止水钢板等构造防水方法，详细的具体做法可参考有关建筑工程设计和施工的标准和要求。

6.2.1.1　施工缝的防水构造

施工缝处通常设置止水带、膨胀止水条等构造措施进行防水。根据止水带安放的位置不同，施工缝防水构造主要有外贴式止水带和中埋式止水带两类。对新旧混凝土界面进行界面处理。图 6-1（a）与图 6-1（c）属于中埋式防水构造，图 6-1（b）属于外贴式防水构造。

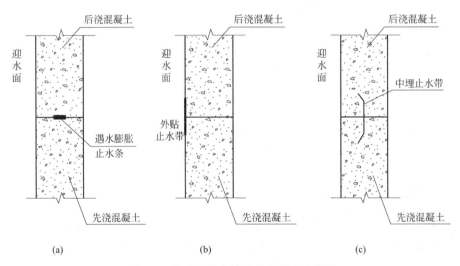

图 6-1　施工缝防水构造基本形式示意图

6.2.1.2　后浇带处防水构造

后浇带处通常依靠止水带、膨胀止水条和后浇筑混凝土三类材料形成防水设施，止水带的埋置方式有外贴式和中埋式两种，与施工缝相同。后浇带位置的混凝土常采用比相邻结构混凝土提高一个强度等级，添加微膨胀剂或防水剂，提高混凝土的防水性能。后浇带防水构造设置如图 6-2、图 6-3 所示。

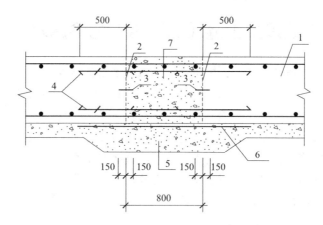

1—先期浇筑的混凝土底板；2—钢丝网；3—止水钢板；4—附加钢筋；

5—垫层；6—防水卷材；7—后浇微膨胀混凝土

图 6-2 地下室底板施工后浇带构造示意图

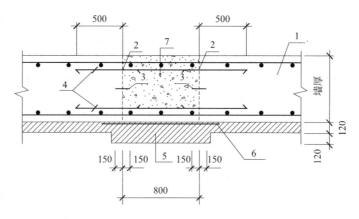

1—先期浇筑的混凝土外墙；2—钢丝网；3—止水钢板；4—附加钢筋；

5—砖保护墙；6—防水卷材；7—后浇微膨胀混凝土

图 6-3 地下室外墙施工后浇带构造示意图

6.2.2 施工缝及后浇带渗漏水原因

施工缝即新旧混凝土结合界面，出现冷缝导致渗水是混凝土结构常见的问题。在新旧混凝土的界面，旧混凝土已经固结和失水，再次与新浇筑的混凝土接触后，旧混凝土必然要吸收新混凝土中的水分而膨胀，新混凝土在界面处失水和收缩，此时新旧混凝土的微观运动方向一致，当旧混凝土再次失水收缩，新混凝土已固结，冷缝就出现。同时随着混凝土中水分的蒸发，会带出混凝土中有害物质（如游离碱等），有害物质积附在界面处，形成新旧混凝土的不亲和，再加上现场施工以及混凝土振捣不密实或养护不到位等原因，导致施工缝发生渗漏水。

后浇带的渗漏原因主要有：

（1）由于后浇混凝土提高了一个强度等级，两侧结构混凝土不同强度等级，混凝土的配合比有差异，混凝土强度高，收缩也大，亲和力也有所不同，因此容易产生冷缝引起渗水。

（2）微膨胀混凝土或掺有防水剂混凝土早期收缩较大，养护不到位很容易产生冷缝引起渗漏。后浇带一般宽800～1000mm，微膨胀混凝土在三向约束的情况才最有效，实际施工情况都不具备条件，微膨胀力向无约束方向释放，对后浇带两侧的微膨胀量有限而达不到效果，使得后浇带产生渗漏水。

（3）针对后浇带混凝土容易出现冷缝，后浇带混凝土浇筑后，在混凝土初凝前应该严格进行二次压实以减少混凝土冷缝的出现，若施工没有按要求进行，则容易在后浇带产生渗漏水。

6.2.3　施工缝（后浇带）渗漏水处理

根据施工缝（后浇带）渗漏水的部位与原因，常采用埋管灌浆的方法对施工缝（后浇带）的渗漏水进行堵漏。

1. 施工工序

定位→（视具体情况是否需凿 U、V 形槽）→埋设灌浆管→ 试水检查→ 灌浆止水→喷干界面→清理界面→涂防水涂膜→抹保护层。

2. 具体做法

（1）详细检查、分析渗漏情况，确定灌浆孔位置及间距。

（2）对已经失效的嵌缝防水材料，应先清理干净，缝两侧不平处用扁钢凿凿平，并用水冲洗干净，为下一步灌注化学灌浆材料提供整洁干净的粘结界面。

（3）钻孔：沿裂缝两侧进行钻孔，ϕ14～18mm，钻孔角度宜≤45°，钻孔深度≤结构厚度的 2/3，钻孔必须穿过裂缝，但不得将混凝土结构打穿，钻孔间距 20～60cm。

（4）在钻好的孔内埋设灌浆管。

（5）将缝内粉尘清洗干净，向灌浆管内注入洁净水进行试水试验。

（6）将试水试验发现的灌浆管之间出现渗水的裂缝表面用密封材料进行封闭，以防在灌浆时跑浆。

（7）进行灌浆施工，对竖向界面灌浆顺序为由下向上，对水平界面可从一端开始，单孔逐一连续进行。当相邻孔开始出浆后，保持压力 3～5min，即可停止本孔灌浆。

（8）灌浆完毕，即可去掉外露的灌浆管并将表面清理干净。

（9）封闭界面：用钢丝刷将界面刷干净，接着用丙酮擦洗界面，待丙酮挥发后，用密封材料将界面密封后，再做双组分聚氨酯防水涂料涂膜 4 遍并用 0.4mm 玻纤布以增强防水涂膜层，最后采用水泥砂浆做保护层。

3. 灌浆材料

选用的灌浆材料主要以环氧树脂类、聚氨酯类、丙烯酸盐以及水泥-化学复合浆液等化学灌浆材料为主，有关灌浆材料可参考本书第3章相关内容。

6.3　灌浆技术处理变形缝的渗漏水

建筑结构变形缝是伸缩缝、沉降缝和防震缝的总称，建筑结构中设置变形缝的作用主要是为了抵抗外界因素影响建筑物变形而在建筑结构中预设的构造缝，满足建筑在外力作用下产生变形时可自我调节不损坏建筑结构，变形缝是建筑结构中最容易产生渗漏水的部位之一。

6.3.1 变形缝的防水构造

工程中常采用止水带（中埋式止水带和外贴式止水带）或防水密封涂料在变形缝处设置防水构造（图6-4）。

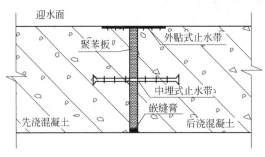

图6-4 变形缝防水构造示意图

6.3.2 变形缝渗漏水原因

变形缝产生渗漏水，轻者影响建筑物的美观和使用功能，严重的将影响到结构的耐久性和安全性，给建筑物的日常运营使用带来极大的困扰和隐患。因此变形缝的渗漏与否已经成为工程质量好坏的重要指标之一。

综合分析变形缝产生渗漏水的主要原因有：

（1）混凝土材料孔隙，混凝土在硬化过程中，混凝土内部会形成非外荷载所致的随机分布的微孔隙与微裂缝，为自身水分的蒸发和外部水的渗入提供了通道与可能；

（2）在变形缝处混凝土浇筑过程振捣不易充分、均匀，与构造止水带间互相握裹差，存在缝隙；

（3）止水带的固定方法不当、接头搭接不密实、粘结不紧、错位等；

（4）由于施工误差造成变形缝缝宽超出设计与规范要求；

（5）结构的外防水层因各种原因失效或局部破损导致渗漏水。

6.3.3 变形缝渗漏水处理

变形缝发生渗漏水后，除了采取更换止水带的方法外，在变形缝处进行灌浆处置也是工程上常用的方法。只要止水带破损不是十分严重且必须更换外，采取灌浆处置变形缝渗漏水在技术上十分成熟，是对结构影响最小、最经济合理的方法。

1. 施工工序

定位→（凿槽）→清理界面→封缝埋管→试水检查→喷干界面→灌浆→清理界面→刷底涂料→嵌缝处理→涂防水涂料→做保护层。

2. 具体做法

（1）找准变形缝渗漏水的具体位置，定位需进行处理的范围。

（2）视变形缝渗漏水和实际状况，决定是否需要在变形缝处开凿沟槽，原则上尽量不要凿开变形缝另外开槽。

（3）清理干净需灌浆的变形缝部位，对已破损的变形缝采用环氧砂浆进行修复。

（4）采用环氧胶泥对变形缝进行封闭，每隔 20～40cm 埋设一个灌浆盒（嘴），灌浆盒（嘴）也须用环氧胶泥封闭固定。

（5）对埋设好的灌浆盒（嘴）及封闭的灌浆部位进行试水、试气检查封闭的效果。

（6）灌浆堵漏，由于是在变形缝处，所以灌入的灌浆材料应具有一定的弹性和韧性。

（7）灌浆作业完成后，除去灌浆盒（嘴）和密封材料，将基面清洗干净，先用硅酮密封胶涂抹在变形缝的沟槽处，再涂刷 2 遍双组分聚氨酯防水涂膜，铺设 0.4mm 厚玻纤布，再涂刷 2 遍双组分聚氨酯防水涂膜。

（8）防水涂膜工序完成后第二天涂抹水泥防水砂浆作为数道防水材料的表面保护层。

3. 施工要点

（1）需灌浆处理的变形缝部位一定要清理干净。

（2）应呈倾斜方向在变形缝两侧钻孔，角度宜小于 45°，钻孔深度不宜超过结构厚度的 2/3，且钻孔应斜穿裂缝，但不得将混凝土结构打穿。

（3）灌浆盒（嘴）应紧贴钻孔，与混凝土表面之间无空隙，不漏水、漏气。

（4）灌浆部位的所有缝隙应完全封闭，确保在灌浆时不跑浆。

（5）立面灌浆时，灌浆顺序为由下向上；平面灌浆时可从一端开始，单孔逐一连续进行。当相邻孔开始出浆后，保持压力 3～5min，即可停止本孔灌浆。

4. 灌浆材料

灌入的浆材应具有一定的弹性和韧性，保证在变形缝发生变形时灌浆材料能适应变形的需要，不因伸缩或沉降而被破坏。根据这一要求选用的灌浆材料主要为丙烯酸盐和弹性聚氨酯化学灌浆材料，有关灌浆材料可参考本书第 3 章相关内容。

6.4 灌浆技术处理窗台的渗漏水

窗台渗漏水是建筑物在日常使用过程中常遇到的问题，窗台渗漏水主要发生在：

（1）窗台两边四个阴角部位；（2）窗台与下部墙体结合部位；（3）窗台边框与墙体结合部位（图 6-5）。

6.4.1 窗台渗漏水的原因

窗台发生渗漏水原因有：（1）预制窗台板安装时凿裂墙体，使雨水顺外墙流至框内缝及从窗台板渗入室内；（2）窗框与窗台四周墙体安装不密实，雨水从窗框与墙体间的缝隙流入；（3）窗楣、窗台没有做出滴水槽和流水坡度，室外窗台高于室内窗台板；（4）窗台板抹灰层不做向外的顺水坡或者坡向朝室内方向；（5）窗台板开裂等缺陷；（6）外窗台高于内窗台或导水槽不畅；（7）窗框型材与建筑物的热胀冷缩不同步产生缝隙；（8）建筑外墙开裂。

6.4.2 窗台渗漏水处理

除拆除窗户重新安装、抹灰修补明显破损窗边墙体以及调整外窗台坡度等土建手段之外，对窗台阴角部位、窗框与窗台板间缝隙以及墙体裂缝处的处理常采用灌浆的方法。

1. 施工工艺

定位→钻孔（开凿）→埋灌浆嘴→灌浆→局部防水处理→批找平层→修复保护层及饰面层。

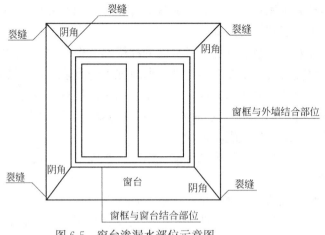

图 6-5　窗台渗漏水部位示意图

2. 具体做法

（1）对窗框下框与窗台板间有缝隙以及墙体裂缝处的处理方法：视缝隙、开裂程度对渗漏水部位周边一定范围内饰面铲除。

（2）在渗漏水部位或沿裂缝钻斜孔（个别需做凿缝处理）。

（3）埋设灌浆盒（嘴）并用环氧胶泥封闭裂缝，视具体渗漏情况决定埋设灌浆盒（嘴）的数量。

（4）灌注聚合物水泥浆或化学灌浆材料进行灌浆处理。

（5）灌浆后应去除灌浆盒（嘴），将封闭材料清理干净，表面采用聚合物水泥砂浆或高效防水抗裂水泥砂浆等进行防水处理，同时应注意后期对处理部位进行养护。

3. 施工要点

（1）需灌浆处理的窗台渗漏水部位一定要清理干净。

（2）应呈倾斜方向在裂缝两侧钻孔，角度宜小于 45°，钻孔应斜穿裂缝，但不得将窗台墙体打穿或破坏窗边现有墙体。靠近窗边墙体钻孔或开凿时，需注意作业点与窗边的距离，不得产生新的损坏。

（3）灌浆盒（嘴）应紧贴钻孔，与混凝土表面之间无空隙，不漏水、漏气。

（4）灌浆部位的所有缝隙应完全封闭，确保在灌浆时不跑浆。

（5）灌浆时的灌浆应由下向上，单孔逐一连续进行。当相邻孔开始出浆后，保持压力 3～5min，即可停止本孔灌浆。

4. 灌浆材料

灌入的浆材可选用堵漏环氧树脂、聚氨酯类、丙烯酸盐以及聚合物水泥浆等具有堵漏功能的灌浆材料，有关灌浆材料可参考本书第 3 章相关内容。

6.5　灌浆技术处理管线接驳口处的渗漏水

建筑物内管线接驳口处易发生渗漏水的部位主要有：（1）厨房和卫生间的上、下水管线与楼板接驳口处；（2）屋面板上排气管与屋面板接驳口处；（3）各种根据后期使用功能需要在楼面板上开凿的孔洞与管线的接驳口处。

6.5.1　管线接驳口渗漏水的原因

建筑物现使用的管线材质大多是铸铁或塑胶构件，少部分使用钢质材料。无论是哪种管线，其与混凝土的弹性模量及抗拉强度均不是同一数量级，在竖向受力时，接触部位的变形位移不同步，易产生裂隙或错位现象；接驳口处对混凝土无侧向约束，混凝土收缩，与管线间产生裂隙；施工原因导致接驳口没有完全密封或密封不好等，造成竖向管线接驳口处产生渗漏水。

6.5.2　管线接驳口渗漏水处理

首先应检查管线的使用状况，确保管线安全处于可施工的条件下，才可进行管线接驳口的渗漏水处理。

1. 迎水面处理

在管线接驳口迎水面，即楼面板的顶部对接驳口进行密封处理是治理接驳口渗漏水的最佳选择（图 6-6）。具体做法：

（1）将楼面板顶部管线接驳口处地面装饰层凿除并清理干净，保持干燥。

（2）检查接驳口处管线与楼面板之间是否存在明显缝隙，将环氧胶泥沿管线接驳口周边涂抹均匀，做密封处理。

（3）如有必要，则在楼面板底部渗漏水部位离开接驳口一定距离，向管线方向倾斜钻小孔并埋设灌浆嘴，或无需钻孔直接埋设灌浆嘴，灌浆嘴四周用环氧胶泥密封。须特别注意钻孔深度不能触及管线将管线打穿。

（4）用针筒式灌浆方法将丙烯酸盐、堵漏环氧树脂或聚氨酯类化学灌浆材料灌入接驳口处管线与楼面板接触面。

（5）清理灌浆嘴并恢复楼面板顶、底面的装饰层，对灌浆堵漏材料起到保护作用。

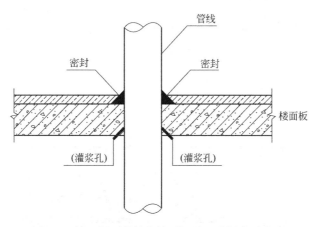

图 6-6　楼面板顶部管线接驳口处理渗漏水示意图

2. 背水面处理

如无法在楼面板顶部的迎水面进行处理，则只能在楼面板底部进行堵漏（图 6-7）。具体做法：

（1）将楼面板底部管线接驳口处装饰层凿除并清理干净，保持干燥。

（2）检查接驳口处管线与楼面板之间是否存在明显缝隙，将环氧胶泥沿管线接驳口周边涂抹均匀，做密封处理。

（3）在楼面板底部渗漏水部位离开接驳口一定距离，向管线方向倾斜钻小孔并埋设灌浆嘴，或无需钻孔直接埋设灌浆嘴，灌浆嘴四周用环氧胶泥密封。须特别注意钻孔深度不能触及管线将管线打穿。

（4）用针筒式灌浆方法将丙烯酸盐、堵漏环氧树脂或聚氨酯类化学灌浆材料灌入接驳口处管线与楼面板接触面。

（5）清理灌浆嘴并恢复楼面板底面的装饰层。

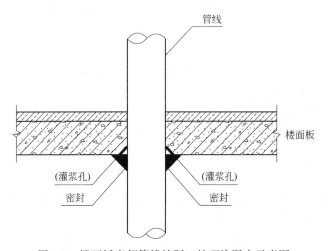

图 6-7　楼面板底部管线接驳口处理渗漏水示意图

6.5.3　洞口、吊洞等渗漏水处理

对洞口、吊洞等渗漏水的灌浆处理可按图 6-8 进行施工。

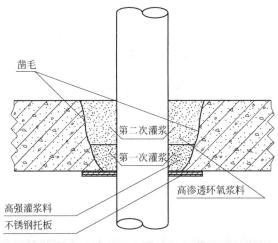

图 6-8　洞口、吊洞渗漏水灌浆处理示意图

6.6　灌浆技术处理混凝土结构缺陷渗漏水

各种混凝土缺陷是建筑结构渗漏水的主要原因，灌浆技术是混凝土结构渗漏水治理中的主要技术方法。

6.6.1　易产生渗漏水的混凝土结构缺陷类型

混凝土结构在施工和使用过程中，由于混凝土材料本身的质量、模板、振捣、养护以及受力改变或使用不当等各种原因，可能会产生各种缺陷。混凝土结构渗漏水的缺陷类型主要有：露筋、蜂窝、麻面、孔洞、夹渣、裂缝等（表6-1）。

混凝土结构渗漏水的缺陷类型　　　　　　　　　　　　　　　　　　　表 6-1

名称	现象	严重缺陷	一般缺陷
露筋	构件内钢筋未被混凝土包裹而外露	纵向受力钢筋有外露	其他钢筋有少量外露
蜂窝	混凝土表面缺少水泥砂浆而形成外露	构件主要受力部位有蜂窝	其他部位有少量蜂窝
孔洞	混凝土中孔穴深度和长度均超过保护层厚度	构件主要受力部位有孔洞	其他部位有少量孔洞
夹渣	混凝土中夹有杂物且深度超过保护层厚度	构件主要受力部位有夹渣	其他部位有少量夹渣
疏松	混凝土中局部不密实	构件主要受力部位疏松	其他部位有少量疏松
裂缝	裂缝从混凝土表面延伸至混凝土内部	构件主要受力部位有影响结构性能或使用功能的裂缝	其他部位有少量不影响结构性能或使用功能的裂缝
连接部位缺陷	构件连接处混凝土缺陷及连接钢筋、连接件松动	连接部位有影响结构传力性能的缺陷	连接部位有基本不影响结构传力性能的缺陷

6.6.2　易产生渗漏水的混凝土结构缺陷部位

建筑物中因混凝土缺陷发生渗漏水，常见的结构部位有：

（1）地下室部分，底板、侧墙、顶板、楼面板以及施工缝和变形缝等；

（2）结构层部分，厨房、卫生间地漏口、竖向管线接驳口及楼面板等；

（3）屋面部分，女儿墙底部（阴角）、排水管口、排气管口、屋面板等。

6.6.3　混凝土结构缺陷渗漏水原因

一般来说，混凝土结构缺陷如果仅仅在表面而没有贯穿楼面板或顶、底板，不会产生渗漏水现象，只需对混凝土表面进行修复即可。

混凝土结构产生渗漏水是因为混凝土缺陷已经贯穿了楼面板或顶、底板，面板的顶、底两侧通过缝隙或孔洞形成渗水通道，导致渗漏水产生。

前面已经对施工缝（后浇带）、变形缝以及窗台、管线接驳口这些常见的结构渗漏水部位采用灌浆方法进行处理进行了叙述，本节重点讨论灌浆方法对因混凝土裂缝（隙）缺陷造成的渗漏水进行治理。

6.6.4 灌浆法处理混凝土裂缝（孔洞）渗漏水

1. 施工工序

查找渗漏水裂缝准确位置→基层清理→（开槽）→定位钻孔→二次清理→封缝→埋设灌浆盒（嘴）→配制灌浆浆液→灌浆→清除灌浆盒（嘴）→表面处理。

2. 具体做法

（1）找准裂缝渗漏水的具体位置，定位需进行处理的范围。

（2）视裂缝渗漏水和裂缝实际状况，决定是否需要在裂缝处开凿沟槽，原则上尽量不要凿开裂缝另外开槽。

（3）清理干净需灌浆的裂缝部位，对已破损的裂缝采用环氧砂浆或环氧胶泥进行修复。

（4）采用环氧胶泥对裂缝进行封闭，如楼面板或屋面板的顶面和底面部位均可施工，则应将楼面板或屋面板的顶部进行完全封闭，灌浆施工时从面板底部向上进行。

（5）根据裂缝开度每隔 10～30cm 埋设一个灌浆盒（嘴），灌浆盒（嘴）也须用环氧胶泥封闭固定。

（6）对埋设好的灌浆盒（嘴）及封闭的灌浆部位进行试水、试气，检查封闭的效果。

（7）灌浆（图 6-9）。

（8）灌浆完成后，除去灌浆盒（嘴）和密封材料，将基面清洗干净。

（9）如有凿槽则需采用环氧水泥砂浆或环氧胶泥对凹槽进行填平处理。

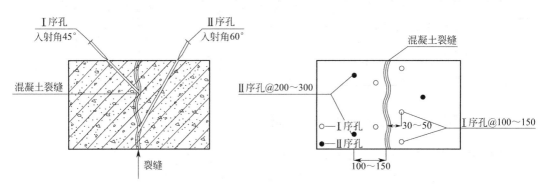

图 6-9　混凝土裂缝修复补强加固示意图

3. 施工要点

（1）需灌浆处理的裂缝部位一定要清理干净。

（2）应呈倾斜方向在裂缝两侧钻孔，钻孔深度不宜超过结构厚度的 2/3，钻孔应斜穿裂缝，但不得将混凝土结构打穿。

（3）灌浆盒（嘴）应紧贴钻孔，与混凝土表面之间无空隙，不漏水、漏气。

（4）灌浆部位的所有缝隙应完全封闭，确保在灌浆时不跑浆。

（5）地下室侧墙灌浆时的灌浆顺序为由下向上；楼面板、屋面板灌浆时宜从面板底部进行；地下室底部灌浆在底板面进行，平面灌浆可从一端开始，单孔逐一连续进行，当相邻孔开始出浆后或灌浆压力突然增大时，保持压力 3～5min，即可停止本孔的灌浆。

（6）灌浆时遵循"一灌二补"的原则，第一序灌浆按灌浆盒（嘴）的排列顺序进行灌浆；第二序应在浆液未固化前对重点部位进行补充灌浆。若灌浆作业面的对立面的裂缝无法进行封缝处理（如地下室底板处无法对底板底部进行封缝），则灌浆压力不宜过大，以不大于 0.2MPa 为宜，且应由小至大逐渐增加，不宜骤然加压；若灌浆压力一直无法增压，则应按灌浆量作为灌浆结束的标准。

（7）灌浆结束后，应检查灌浆效果，发现问题须及时进行补救。

4. 灌浆材料

如有强度要求时，应选用环氧树脂类灌浆材料；如仅做堵漏要求，则可选丙烯酸盐、聚氨酯类、环氧树脂类灌浆材料；如有一定的变形要求，则灌入的浆材应具有一定的弹性和韧性，可选用丙烯酸盐或弹性聚氨酯灌浆材料，有关灌浆材料可参考本书第3章相关内容。

6.7 灌浆技术处理屋面女儿墙与屋面顶板结合处渗漏水

屋面女儿墙与屋面顶板结合处缺陷渗漏水灌浆处理如图 6-10 所示。

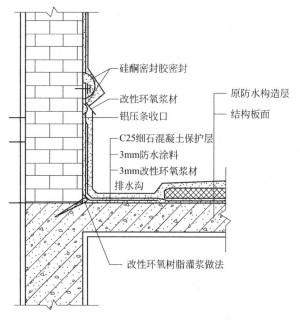

图 6-10 女儿墙与楼面板结合部位渗漏水灌浆处理示意

第7章
建筑结构加固补强处理灌浆技术

混凝土结构在设计、施工和使用过程中，可能产生诸如开裂（裂缝）、离析、露筋、损伤、承载力降低以及孔洞、龟裂、蜂窝、麻面等缺陷，这些缺陷既可在混凝土结构的表面发生，也可在混凝土结构的内部发生，尤其是承重梁、承重柱、承重墙的开裂和承载力降低给建筑物带来极大的安全风险和事故隐患。

混凝土缺陷的产生既有外部原因，如温差变化、热胀冷缩、自然风化、环境腐蚀、地基基础沉降等客观因素，也有人为原因，如设计疏漏、浇筑振捣不均、养护不规范、使用不当、混凝土本身质量等主观因素。若混凝土缺陷仅发生在结构表层，只需涂抹水泥基类防水材料、环氧胶泥（砂浆）修补等方法进行表面处理即可；若混凝土缺陷发生在结构浅层一定范围且未贯穿结构，则需分析缺陷产生的原因、发展趋势、大小（开度）、是否对结构内钢筋造成不良影响以及可能的后果等，再决定是否需在表层封闭或进行灌浆处理；若混凝土缺陷已经贯穿结构，则需分析缺陷产生的原因、发展趋势、大小（开度）等，评估缺陷对混凝土结构安全性的影响程度、结构是否稳定、是否会产生渗漏水现象，对缺陷部位是仅进行灌浆处理修复还是灌浆后仍需采取其他加固措施。对涉及结构安全性的缺陷处理，一般采取灌浆、包钢、增大截面等加固方法，恢复或加强构件原有的力学性能，以保证建筑物的正常使用。对因结构缺陷引起的渗漏水，一般需采取化学灌浆的办法进行处理。

7.1 混凝土结构缺陷类型与加固补强处理方法

7.1.1 混凝土结构裂缝的类型

根据《混凝土结构工程施工规范》GB 50666—2011，现浇混凝土结构外观质量主要缺陷见表 7-1。

混凝土结构缺陷类型 表 7-1

名称	现象	严重缺陷	一般缺陷
露筋	构件内钢筋未被混凝土包裹而外露	纵向受力钢筋有外露	其他钢筋有少量外露

续表

名称	现象	严重缺陷	一般缺陷
蜂窝	混凝土表面缺少水泥砂浆而形成外露	构件主要受力部位有蜂窝	其他部位有少量蜂窝
孔洞	混凝土中孔穴深度和长度均超过保护层厚度	构件主要受力部位有孔洞	其他部位有少量孔洞
夹渣	混凝土中夹有杂物且深度超过保护层厚度	构件主要受力部位有夹渣	其他部位有少量夹渣
疏松	混凝土中局部不密实	构件主要受力部位疏松	其他部位有少量疏松
裂缝	裂缝从混凝土表面延伸至混凝土内部	构件受力部位有影响结构性能或使用功能的裂缝	其他部位有少量不影响结构性能或使用功能的裂缝
连接部位缺陷	构件连接处混凝土缺陷及连接钢筋、连接件松动	连接部位有影响结构传力性能的缺陷	连接部位有基本不影响结构传力性能的缺陷
外形缺陷	缺棱掉角、棱角不直、翘曲不平、飞边凸肋等	混凝土构件有影响使用功能或装饰效果的外形缺陷	其他混凝土构件有不影响使用功能的外形缺陷
外表缺陷	构件表面麻面、掉皮、起砂、沾污等	具有重要装饰效果的清水混凝土构件有外表缺陷	其他混凝土构件有不影响使用功能的外表缺陷

对混凝土结构而言，上述缺陷中尤以裂缝对结构的安全性影响最大，特别是对承重结构的危害更大。

7.1.2　混凝土结构加固补强技术

根据《混凝土结构加固设计规范》GB 50367—2013，混凝土结构加固技术方法见表7-2。

混凝土结构加固技术方法　　　　　表 7-2

技术方法	适用的范围	加固的结构构件
增大截面法	钢筋混凝土受弯和受压构件的加固	梁、柱
置换混凝土法	承重构件受压区混凝土强度偏低或有严重缺陷的局部加固	梁、柱、墙
体外预应力法	无粘结钢绞线作预应力下撑式拉杆、普通钢筋作预应力下撑式拉杆、型钢作预应力撑杆	梁、大跨度简支梁、柱
外包型钢法	需提高截面承载能力和抗震能力的构件的加固	柱、梁
粘贴钢板法	钢筋混凝土受弯、大偏心受压和受拉构件的加固	梁、柱、板
粘贴纤维复合材法	钢筋混凝土受弯、轴心受压、大偏心受压及受拉构件的加固	梁、柱、板
预应力碳纤维复合板法	截面偏小或配筋不足的钢筋混凝土受弯、受拉和大偏心受压构件的加固	梁、柱、板
增设支点法	增加支承结构结合部承载力	梁、板、桁架等
预张紧钢丝绳网片-聚合物砂浆面层法	增加钢筋混凝土结构受弯强度	梁、柱、墙、板
绕丝法	增加混凝土结构挠度和延展性	柱
植筋法	增加钢筋混凝土构件的锚固力	梁、柱、墙
锚栓法	增加钢筋混凝土承重构件的锚固力	梁、柱、墙
裂缝修补法	混凝土构件裂缝的加固	梁、柱、板、墙

在上述混凝土结构加固补强的方法中与灌浆技术有关的主要有：裂缝修补法、置换混凝土法、外包型钢法和粘贴钢板法。

置换混凝土法、外包型钢法和粘贴钢板法只是在新加的混凝土与原结构接触面产生收缩不密实以及外包的钢板或粘贴的型钢与原结构接触面有空隙的情况下才使用灌浆法进行补浆，以使新增的加固体与原混凝土结构牢固结合。灌浆技术在混凝土结构或砌体结构加固中主要还是针对影响结构安全的开裂（裂缝）、夹渣、疏松、孔洞等缺陷进行修复补强和加固。

7.2 灌浆技术处理混凝土结构裂缝

混凝土裂缝有仅在构件表面的裂缝，也有深入到构件内部的深层裂缝甚至贯穿结构构件，表面裂缝一般对结构的安全使用不会造成影响，不承重构件上的裂缝会对使用者心理有影响但不会对建筑结构的安全造成大的影响或隐患，因此混凝土结构裂缝的处理方法应按裂缝的性质及对结构安全的影响程度来选择。

7.2.1 混凝土结构裂缝的成因

根据裂缝产生的原因、形态及开合度等对裂缝进行了分类，并对裂缝产生的原因、形态及易发生裂缝的结构构件进行了分析（表7-3）。

混凝土裂缝分类　　　　表7-3

裂缝类型		裂缝产生原因及形态	发生裂缝的结构构件
按成因分	温度裂缝	混凝土胶凝过程中因内外温差过大；呈龟裂、放射状或无序状分布	梁、板、柱、墙
	收缩裂缝	混凝土固结过程中材料收缩或环境温度过低；呈龟裂、放射状或无序状分布	梁、板、柱、墙
	膨胀裂缝	混凝土固结过程中添加的膨胀剂过多、化学腐蚀、风化以及环境温度过高；呈龟裂、放射状或无序状分布	梁、板、柱、墙
	受力裂缝	施工及使用过程中构件受力超出设计要求、地基基础不均匀沉降及地震；呈线状分布	梁、板、柱、墙
按分布形态分	表面裂缝	未按要求养护、温度及自然风化；呈龟裂、放射状和线状分布	梁、板、柱、墙
	半穿裂缝	温差过大、受力不均及振动；呈线状分布	梁、柱、大厚度底板、厚墙体
	贯穿裂缝	施工及使用过程中构件受力超出设计要求、地基基础不均匀沉降及地震；呈线状分布	梁、板、柱、墙
按开度分	微细裂缝	未按要求养护、温差、较小的振动及自然风化；裂缝（裂隙）开度<0.2mm	梁、板、柱、墙
	裂缝	施工及使用过程中构件受力超出设计要求、地基基础不均匀沉降、地震、未按要求养护、温度差以及振动；0.2mm≤裂缝开度<2mm	梁、板、柱、墙
	开裂	施工及使用过程中构件受力超出设计要求、地基基础不均匀沉降、地震；裂缝开度≥2mm	梁、板、柱、墙

7.2.2　混凝土结构裂缝的调查

混凝土结构中存在裂缝不仅会降低结构的刚度和整体性，而且一旦触及钢筋，则会加剧钢筋的锈蚀以及降低钢筋混凝土结构的整体寿命。因此为了保证结构的完整性和耐久性，就必须对裂缝进行必要的处理，达到下列目的：

（1）抵御诱发钢筋锈蚀的介质侵入，保护钢筋，延长结构耐久性；

（2）提高混凝土防水、防渗能力；

（3）恢复混凝土的完整性和受力性能。

为了达到上述目的，有的放矢地对混凝土裂缝进行处理，以期达到最好的效果。在对混凝土裂缝处理前，首先应对这些裂缝进行调查和研究，查明产生的原因、是否贯穿构件、大小、形态、分布范围以及对结构的影响程度，这样才可能根据裂缝的实际情况，采取有针对性的处理措施。对于承重结构产生的裂缝，除了对裂缝进行修复以外，还需要对结构构件进行整体评估并视情况进行整体加固。

裂缝调查的重点是裂缝的部位、开度（即宽度）以及深度。对裂缝的宽度，过去一般用读数显微镜进行量测，目前多采用"裂缝测宽仪"直接测量，测量数据一般比较准确；对裂缝的深度，目前多采用"裂缝测深仪"测量，但是精度较低，对某些重要部位上的裂缝，必要时还需要进行钻孔取样和压水试验，以摸清其深度和走向，有条件时也可用钻孔摄影、钻孔电视或超声波等方法检查。

7.2.3　灌浆方法及参数设计

有些混凝土结构设计本身允许裂缝存在，故一般宽度小于 0.2mm 的裂缝可采用表面封闭法，而 0.2mm 以上的裂缝则采用灌浆法，比较常用的灌浆法有贴嘴灌浆、埋管灌浆、钻孔灌浆。埋管灌浆又有开槽和不开槽两种，因开槽埋管灌浆法对原结构破坏较大，可能影响混凝土结构安全，故已经较少使用。在建筑工程领域，目前对混凝土裂缝多采用钻孔灌浆。钻孔后，浆液进入裂缝的"通路"较广，故灌浆效果也较好。对缝隙不深的表面缝，可再采取贴嘴灌浆或埋管灌浆。

在混凝土裂缝情况调查和分析的基础上，进行灌浆孔的设计和布孔。布孔有骑缝和斜孔两种形式，根据实际情况和需要加以选择，必要时两者兼用。

采用骑缝钻孔的优点是钻孔工程量较小，孔内占浆少，同时钻孔和缝面的冲洗比较容易。当裂缝较深时，由于缝的走向不规则，不易全部"骑缝"，仅采用骑缝孔常常不能满足要求，因此，必须辅以斜孔。必要时，也有布置深浅孔形成多排钻孔，使钻孔与缝面相交点成排成行分布，这样浆液可均匀填满缝面，如图 7-1 所示。

为了使浆液进入缝内有较大的"通路"，钻孔孔径以较大者为好，因为钻孔和裂缝相交所构成的"通路"与孔径成比例。同时，被粉尘堵塞的可能性亦小。可是孔径增大，不但相应地增加了钻孔工作量，也会从一定程度上破坏混凝土的完整性，同时也增加孔内占浆量。实际工程应用中，一般配合 10mm 以下灌浆管，以选用 20mm 以下孔径为宜。

灌浆孔孔距应视裂缝的宽度和通畅情况、浆液黏度及允许灌浆压力而定。一般情况下，灌浆孔孔距 15～50cm；如缝宽小，取小值，缝宽大则取较大值，灌浆施工前应通过现场试验来确定。

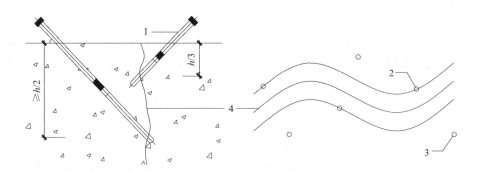

1—灌浆嘴；2—灌浆孔浅孔；3—灌浆孔深孔；4—裂缝

图 7-1　钻孔灌浆的布孔

7.2.4　灌浆施工工艺

1. 钻孔冲洗

钻孔后，先将孔内粉尘和碎屑冲洗干净，并测其孔深。再用风、水轮换冲洗孔内及缝面，疏通钻孔与裂缝形成的"通路"，尽可能地将碎屑全部冲出，但风压、水压均不得超过设计灌浆压力。

冲孔用水要保持清洁，压缩空气应经过油水分离器，以免油垢污染缝面，影响灌浆效果。

2. 嵌缝止浆

嵌缝止浆的目的是防止浆液流失，确保浆液在灌浆压力下将裂缝充填密实。如嵌缝质量不好，则灌浆压力不能升高，即使是低压，浆液也会大量外漏，以致缝内不能得到有效灌注，影响灌浆质量。

在要嵌缝的部位，将裂缝及附近混凝土表面的灰尘、白灰、浮渣等一次性用手锤、钢刷、无油压缩空气等清理干净，嵌缝部位有疏松混凝土的，还应凿除至新鲜混凝土面，最后用丙酮溶液将裂缝两侧的污渍擦洗干净。

目前较为常用的嵌缝材料有快干水泥、环氧砂浆、环氧胶泥等。

3. 压水（气）检查封闭效果

压水或压气的主要目的是了解灌浆孔与裂缝畅通情况，以确定是否可以灌浆，还是必须重新钻孔或重埋灌浆嘴；检查嵌缝是否有效，有无漏水（气）现象；通过压水并计算吸水率、记录开始压水至各排气（水）孔出水的时间，可作为确定浆液胶凝时间和配浆量的参数。

压水（气）时，需待嵌缝材料有一定强度后进行。压水（气）所用压力不得超过设计的灌浆压力。

压水试验可分单元（在此区域内各孔都与同一裂缝相通）进行。在一个裂缝互相贯通区域内轮流作进水孔，当某一孔压水之初，其余所有孔的阀门全部打开；在发现有孔串通出水时，即将此孔阀门关闭，发现一个就关闭一个，并做好记录。

压气前，在嵌缝层表面刷一些肥皂水；在压气时，如发现嵌缝上的肥皂水起泡，或者连续冒大气泡，应进行补嵌或加固。

4. 灌浆

经压水（气）检查，认为嵌缝质量良好，无渗漏现象后，即可配制浆液、准备灌浆。

灌浆前，应将所有孔上的阀门全部打开，用压缩空气将孔内、缝内的积水尽量吹挤干净，并争取达到处于干燥或无水状态，然后准备灌浆。

配置浆液时，应把握浆液固化时间的原则。对细微裂缝，浆液需要较长的胶凝时间，以便充分流动充填，对宽大或涌水量较大的裂缝，浆液的胶凝时间要短些。

灌浆时，一般采用单孔或群孔进浆，并皆应留有合理的排水（气）孔。对同一灌浆单元，如区域不大，经压水试验估算进浆量也不大的，可用单孔进浆；如区域大，并经压水试验估算浆量较大的，则可多孔同时灌注，即群孔进浆。

当在一条裂缝上，布有几个灌浆孔（嘴）时，可按由深到浅、由下而上的顺序进行灌浆。但应参考压水试验的成果，可先灌漏水量最大的孔（嘴）。灌浆时，未灌孔和未出浆的排水（气）孔均应敞开，并注意观察。

灌浆过程中，为了使浆液扩散范围大些，在混凝土建筑物的安全允许范围内，以使用较大压力为好。压力需逐级升高，以免缝面骤然受力使裂缝扩大。达到最高设计压力后，应注意保持压力稳定，直至达到结束标准为止。然后，将阻塞器上的进浆管阀门关闭闭浆，以使缝内浆液在受压状态下胶凝固结。

灌浆的结束标准一般以不吸浆为原则，可是在实际灌浆过程中往往较难达到，因此，如吸浆率小于 0.01L/min，并适当延长时间，亦可作为结束标准，停止灌浆。

5. 管路冲洗

灌浆结束，关闭孔口阀门后立即拆卸管路，并清洗管路和设备。

6. 封孔和清除嵌缝涂层

固化后达到或超过混凝土强度的化学灌浆材料，灌浆后，在孔内的固结物不必清除。但对强度不高的灌浆材料（如丙烯酸盐），应把孔内固结物清除干净后，采用环氧胶泥等封孔。对骑缝埋设的排水（气）管应清除，留下的混凝土孔穴用水泥砂浆封填抹平。

7.2.5 灌浆材料

混凝土裂缝灌浆的材料应符合以下几个基本要求：

（1）黏度小，可灌性好；

（2）固化后的收缩性小，材料的力学性能与混凝土相近；

（3）固化时间可调，灌浆工艺简单；

（4）应为环境友好的环保型材料。

目前在混凝土裂缝的修复处理中首选是化学灌浆材料，主要有：环氧树脂类、弹性聚氨酯类、水泥基高强灌浆液以及甲基丙烯酸甲酯（甲凝）、脲醛树脂和酚醛树脂灌浆浆液，后面三种化学灌浆材料在特定条件下使用。

以改性环氧树脂为例，一方面，改性环氧树脂与金属、非金属材料均有优异的粘结性能，两种材料接触面的粘结强度、环氧树脂自身的抗拉强度和抗压强度等均超过混凝土相应的强度指标，因而灌浆后可以与混凝土结构协同工作，共同承受荷载；另一方面，混凝土结构裂缝宽度、深度大小不一，灌浆材料的黏度、固化时间等指标决定了浆液在混凝土裂缝中的流动性，进而影响到灌浆的实际效果。改性环氧树脂灌浆材料通过各组分比例的调整，不同黏度的材料可以适用于不同宽度的裂缝，也可根据裂缝形态调整固化时间，使浆液在裂缝中可充分渗透、充填。有关灌浆材料可参考本书第3章相关内容。

7.3 灌浆技术处理砌体结构裂缝

砌体结构在一般民用住宅建筑物中应用较多。砌体结构由砌体和砂浆组成，一般抗压强度比较高，但抗拉强度、抗剪强度较低，在拉应力或剪应力作用下，砌体沿砂浆就容易出现裂缝。砌体结构开裂不但造成结构受力变化，影响结构安全，还会影响使用者的心理和建筑物的美观。因此，不管何种原因导致砌体出现裂缝，都应该对砌体结构裂缝进行修复。

7.3.1 砌体结构裂缝产生的原因

砌体结构有荷载引起的裂缝，如拉应力破坏、弯曲受拉破坏、受压破坏等，也有因地基不均匀沉降、温度应力等引起的裂缝等。

砌体结构出现裂缝、空洞后，灌浆是修复砌体结构完整性、提高砌体结构性能的重要措施之一。

7.3.2 施工工艺

灌浆修复不仅可以恢复砌体结构承载力，甚至有所提高，而且具有工艺简单、结合体强度高的优点，故在实际工程中应用广泛。

砌体结构裂缝灌浆可按下述工艺进行：

（1）清理裂缝，使其成为一条条通缝。

（2）确定灌浆位置，灌浆管埋设间距宜为500mm，在裂缝交叉点和裂缝端部应埋设灌浆管；裂缝贯穿墙身的，可在一面灌浆；裂缝没有贯穿墙身的，灌浆应在两侧分别进行。

（3）采用环氧砂浆或快干水泥嵌缝避免浆液流失。嵌缝时，若墙面有粉化、疏松的应剔除；若采用快干水泥嵌缝，施工完成后应凿除快干水泥，采用水泥砂浆等修补。

（4）待嵌缝材料达到一定强度后，先进行试水（气），方法与混凝土结构裂缝灌浆相同。砌体裂缝灌浆压力不宜过大，一般应小于0.15MPa。

（5）灌浆时应遵循从下至上从一边至另一边的顺序，当附近灌浆管出浆时可停止灌浆。灌浆过程中若砌体结构面出浆，应及时修补后再继续灌浆。

（6）灌浆完成后，应采取切割机切除灌浆管，恢复砌体结构饰面层。

7.3.3 灌浆材料

目前应用于砌体结构裂缝灌浆的材料可选水泥类的无机材料，也可选环氧树脂类的有机化学灌浆材料。无机类的材料如水泥、石粉、高强无收缩灌浆料等为代表，有机类的材料则以环氧树脂、弹性聚氨酯类灌浆材料为代表。

　　水泥作为传统的胶凝材料，价格低廉，可广泛应用于灌浆工程。但是水泥浆体稳定性差、易泌水、沉淀，水泥固化时体积收缩，应用时应注意水泥浆液的这一特点。有机类的化学灌浆材料价格偏高，应用时需注意其不宜用于直接暴露在自然环境中且与砌体结构力学性能相协调的问题。有关灌浆材料可参考本书第3章相关内容。

　　因砌体结构抗拉强度较低，当砌体结构出现裂缝时，无论采用何种材料，应注意灌浆材料要能够与砌体和砂浆较好地粘结，如此才能有效地达到修复砌体结构裂缝的目的。

第8章
既有建筑物基础加固与纠偏灌浆技术

既有建筑物在使用过程中，因不均匀沉降使建筑物的垂直度发生了偏移，偏离度超过了建筑物的安全允许范围，建筑物处于倾斜的状态。建筑物倾斜不仅严重影响建筑物正常使用，甚至可能发生倾覆而危害人民群众的生命和财产安全。因此，对超出安全标准的倾斜建筑物必须采取有效措施予以纠偏并对造成建筑物不均匀沉降的地基基础进行加固处理，特别严重的情况下可将倾斜的建筑物予以拆除。

8.1 建筑物沉降与倾斜原因

建筑物发生不均匀沉降而导致倾斜，一般有以下原因：

（1）建筑物地基土质分布不均匀，在建筑物荷载尤其是偏心荷载作用下，地基土固结速度不一，导致地基沉降不均匀；

（2）对地基承载力估算不足，或未考虑地基土固结因素。对于软土地基、可塑性黏土等土质条件，荷载对沉降的影响较大，若过高估算地基承载力，当地基不均匀时，易引起不均匀沉降；

（3）地基基础设计和基础布置不当，建筑物的平面位置、体形、荷载重心位置及沉降缝设置欠合理，荷载不对称造成建筑物重心与基础形心偏离过大，或两建筑物相距过近，相互影响，使地基沉降量加大，导致建筑物倾斜；

（4）建筑物周边环境变化，如邻近建筑物开挖基坑，在建筑物一侧堆放大量材料等造成地基土局部下沉、挤压等，均会引起建筑物不均匀沉降；

（5）地下水位变化导致地基沉降，如地下管道破裂渗漏水、雨水入渗、大面积降排水等，使地基土失水固结或浸水软化，均会导致地基不均匀沉降；

（6）建筑使用状态发生变化，如使用功能改变导致的荷载变化，加大基底应力，导致地基承载力不足；

（7）建筑物基础范围内有未发现的溶洞、地下暗河等空洞，经长时间发展降低地基的稳定性；

（8）由于山体滑坡、砂土液化等自然灾害导致的次生灾害，引起建筑物的变形。

建筑物发生沉降倾斜时，必须对地基土体进行加固止沉。在保证建筑安全稳定的前提下，对地基进行加固止沉，避免沉降倾斜进一步发生。当建筑物在沉降过程中造成基础破坏的，应对基础也进行加固，恢复基础的完整性和承载力。对于大部分建筑物，在完成地基基础加固止沉后，使建筑物沉降不再进一步发展，还应对建筑物进行纠偏，使其回到安全允许的范围状态。

除了因不均匀沉降导致基础破坏，建筑物倾斜外，也有因既有建筑物改建增层，荷载增大，导致基底面积不足而使地基承载力或变形不满足规范要求，或由于基础材料老化、浸水、地震或施工质量等因素的影响，既有建筑地基基础不再适用，此时需要对既有建筑基础进行加固处理，达到恢复基础完整性、加强基础刚度等目的。

8.2　既有建筑物基础加固与纠偏的方法

既有建筑物基础加固与纠偏的方法很多，根据《既有建筑地基基础加固技术规范》JGJ 123，既有建筑地基基础加固技术方法见表 8-1。

既有建筑地基基础加固技术方法　　　　　　　　　　　　　　　　　　　　表 8-1

类型	技术方法	适用范围
地基基础加固法	基础补强灌浆法	钢筋混凝土基础破损的加固
	扩大基础法	适用于增加荷载、地基承载力或基础底面尺寸不满足要求，且基础埋置较浅，基础具有扩大条件时的加固
	锚杆静压桩法	适用于淤泥、淤泥质土、黏性土、粉土、人工填土和湿陷性黄土等地基的加固
	树根桩法	适用于淤泥、淤泥质土、黏性土、粉土、砂土、碎石土和人工填土等地基的加固
	坑式静压桩法	适用于淤泥、淤泥质土、黏性土、粉土、砂土、湿陷性黄土和人工填土且地下水位较低的地基加固
	基础地基灌浆法	适用于砂土、淤泥质土、黏性土、粉土、碎石土和人工填土等地基的加固
	石灰桩法	适用于加固地下水位以下的黏性土、粉土、松散粉细砂、淤泥、淤泥质土、杂填土和饱和黄土等地基加固
	旋喷桩法	适用于淤泥、淤泥质土、黏性土、粉土、砂土、黄土、素填土等地基加固
置换	基础地基法（梁式、板式、桩式、桩梁式、桩筏式）	地下工程穿越建筑物、建筑物功能改变引起基础形式发生变化、临近新建工程影响建筑物稳定以及地下洞穴、采空区引起建筑物沉降等
纠倾	迫降法（基底掏土法、钻孔取土法、堆载法、降水法、浸水法、扰动地基法等）	天然基础、条形基础、筏板基础以及非桩基础的建筑物纠偏，一般建筑的地基地质条件要较好
	顶升法	建筑物整体沉降及不均匀沉降较大，以及倾斜建筑物为桩基础等不适合迫降纠倾的建筑物纠偏

上述方法中与灌浆技术相关的主要有基础补强灌浆法、基础地基灌浆法和旋喷桩法，基础补强灌浆法主要是对混凝土破损进行修复，基础地基灌浆法主要是针对承载基础的地基土体进行加固处理，旋喷桩法在第 4 章中已有叙述，本章重点对基础补强灌浆法和基础地基灌浆法做详细介绍。

8.3 基础灌浆设计

8.3.1 基础灌浆设计前需做的主要工作

进行既有建筑物基础及纠偏灌浆前，应首先明确以下几点内容：

（1）应掌握既有建筑物沉降或倾斜的观测数据，分析产生沉降或倾斜的原因；

（2）应全面了解工程地质条件和水文地质条件；

（3）应全面掌握既有建筑物的结构形式、建造信息以及周边环境情况，特别是对邻近建筑物、地下管线等信息要清楚；

（4）在初步分析的基础上选择基础加固方案，明确灌浆需要达到的目的。

8.3.2 灌浆设计主要内容

（1）灌浆要达到的目的和要求；

（2）灌浆工艺和灌浆材料的选择，不同的灌浆材料对地层的适应性不同，地下水位、流速等可能影响灌浆材料的固化和扩散，因此要根据地质情况选择合适的灌浆材料和灌浆工艺；

（3）灌浆孔布置、灌浆孔深度、扩散半径、灌浆压力、灌浆量等参数设计；

（4）灌浆效果检验方法。

8.4 基础补强灌浆法

基础补强灌浆法针对的是混凝土基础本身的受损，因基础埋置在地下一定深度，所以一般需先在原混凝土基础裂损位置上钻孔，钻孔应倾斜一定的角度进行，一般倾角不应小于 30°，孔径比灌浆管的直径大 2～3mm。在孔内放置直径 25mm 的灌浆管，孔数、孔距可视基础的尺寸和损坏程度而定。灌浆材料可选环氧树脂类、高强无收缩灌浆料或高强度等级水泥浆，一般以灌入环氧树脂浆液为主。对条形基础施工时应沿基础纵向分段进行，每段长度应根据裂损情况具体确定（图 8-1）。对基础补强灌浆加固，应以化学灌浆工艺为主，具体操作可参考本书第 7 章相关内容。

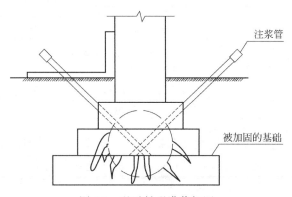

图 8-1　基础补强灌浆加固

8.5　基础地基灌浆法

　　基础地基灌浆法主要针对既有建筑物承载基础的地基土体进行加固的方法，由于地基土体承载力不能满足上部荷载通过基础传递下来的压力，因此需对基础底的土体进行加固。受既有建筑物结构本身的限制，基础地基加固诸多方法中灌浆法以其设备较小、布置灵活、对原结构影响小、加固见效快而得到广泛应用。

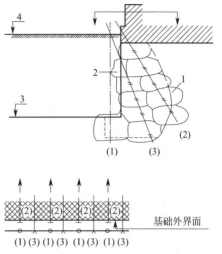

　　采用灌浆法进行基础地基加固时，常用的灌浆技术是袖阀管灌浆方法。袖阀管灌浆法以其可反复多次、扩散范围可控、压力适宜、对环境影响小等优点，非常适合对既有建筑物的基础地基灌浆。一般可设2~3排灌浆孔，呈矩形或梅花形布置。灌浆孔间距可根据土质条件、浆液材料以及基础形式和建筑物沉降倾斜情况而定，以基础地基为目的的灌浆，孔距不宜太大，一般约为0.5~1m。需要特别注意的是，在基础地基灌浆孔中应布置有1排或2排斜向的灌浆孔，倾斜应向既有建筑物基础底部方向，倾斜角度应以尽可能多的灌浆浆液能灌入基础底部加固土体为准，具体应通过现场灌浆试验而定（图8-2）。

1—灌浆范围；2—超灌部分；3—固结体；4—地表
注：(1)~(3) 为灌浆先后顺序
图8-2　灌浆孔的布置

　　当既有建筑物下方有轨道交通、地下空间等穿越，在覆盖层厚度较薄时，作为保护措施，也可采用灌浆法加固建筑物下方、轨道交通隧道周边、地下空间周边的土体。从灌浆加固的形状分类，可以是支撑墙式（图8-3a）、加固板式（图8-3b、图8-3c）、加固拱式（图8-3d）。

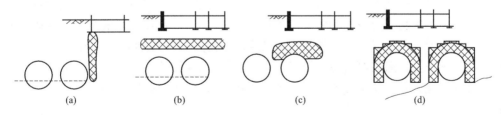

图8-3　盾构推进时在既有建筑物基础下灌浆基础地基加固

　　有关袖阀管灌浆技术，可参考本书第4章相关内容。

8.6　建筑物灌浆纠偏

　　灌浆之所以能够起到加固土体的作用，其实质是浆液将土颗粒中的水分和空气排出并占据了水和气的位置。如果在灌浆过程中，土体已经接近于饱和状态，而浆液仍在不断地进入土体，浆液将在土体中形成一定的压力，当压力不断升高，直至大于土体内地基应力时，土体就会产生隆起变形。根据太沙基的有效应力原理，该压力可称为超孔隙压力。与灌浆进入劈裂阶段的压力有所不同，土体在浆液形成的超孔隙压力作用下发生隆起变形，是浆液在土体中形成的"浆包"不断趋于饱和，压力不断上升超过土体有效应力而产生"膨胀"所引起；而在劈裂灌浆过程中，一旦浆液打开土体中的"通道"，随着浆液的不断扩散，浆液不能集中在一处，就无法起到迫使土体隆起的作用。

当建筑物发生不均匀沉降而导致倾斜时，如果在建筑物沉降较大一侧的地基进行灌浆，不断充填土体的孔隙，固结土体颗粒，这个阶段即可以改善土体压缩性，从而提高地基承载力，减小土的沉降变形，达到稳定建筑物不再继续沉降的目的。继续灌浆，在地基土趋于饱和的状态，浆液引起的超孔隙压力作用下，地基土将会有一定的隆起变形，促使建筑物回升，从而改变建筑物不均匀沉降的状态，随着时间推移，可使建筑物完成纠偏。因而，灌浆法可以起到加固地基和纠偏的双重效果。

具体施工时，灌浆作业可在建筑物沉降较大的一侧进行，钻孔孔径倾向于小口径为主，一般不大于110mm，孔距可根据建筑物荷载、平面布置、地质条件等情况综合确定，具体应根据现场试验确定。

纠偏为目的的灌浆，在材料方面应选择速凝、早强型材料，传统的灌浆材料一般为水泥-水玻璃复合液浆，水玻璃可促进水泥浆液在十几秒至一分钟内凝固。水玻璃掺量根据水玻璃模数、波美度等现场试验调整确定。

灌浆工艺一般选用袖阀管灌浆或钢花管灌浆，需要多次反复灌浆方可达到纠偏效果。灌浆技术可参考本书第4章相关内容。

需要特别注意的是建筑物灌浆纠偏须与有效的观测测量紧密结合，根据对建筑物的精准测量数据，指导灌浆与纠偏工作的进行。

8.7 化学灌浆联合预应力锚杆静压桩纠偏新技术

传统的灌浆纠偏建筑物方法，是利用压力将浆液灌入地基土中，在地基土的孔隙内渗透、充填和挤密，进而形成超孔隙压力，利用形成的超孔隙压力抬升建筑物达到纠偏的目的。但是浆液的固化需要较长的时间，即便是传统的水泥-水玻璃双液浆，虽然固化时间短至十几秒，但并未形成一定的强度，一旦灌浆停止，随着超孔隙压力的消散，建筑物便再次下沉。理论上，灌浆对于地基加固、抬升实际上存在先扰动再加固的过程，故传统的压力灌浆纠偏建筑物方法对拟纠偏建筑物的要求较高，通常适用于小型、荷载不大的建筑物。

随着城市建设开发进程加快，高层建筑越来越多，在城市建筑密集区开展工程项目，尤其是基坑工程，极易对工程项目所在地周边建筑造成诸如沉降、倾斜等影响。近年来，发展了化学灌浆联合预应力锚杆静压桩纠偏新技术，可适用于高层建筑纠偏。

传统的针对房屋加固的施工工艺中，以锚杆静压桩最为常见。锚杆静压桩是采用反力锚杆在原有建筑物底板上开孔压桩，当压入足够数量的桩，使桩的承载力与上部建筑荷载相当时，上部建筑荷载完全或大部分由新增的桩承担，即实现了对建筑物基础的加固。锚杆静压桩只能用来进行地基基础的加固、止沉，无法对建筑物进行纠偏，且锚杆静压桩若需要达到地基基础加固的目的，其群桩的承载力必须和上部建筑荷载相匹配，所需桩的数量大，对原基础的影响也大。

化学灌浆联合预应力锚杆静压桩纠偏新技术将灌浆技术与锚杆静压桩技术完美地结合，发挥各自的优点，达到对高层建筑地基基础进行加固及纠偏的目的。该方法以水泥-水玻璃双液浆为主材，有机高分子化学材料为辅材，共同配制成水泥基复合灌浆材料，进行化学灌浆，对地基土体实行有效充填、渗透和挤密，利用化学灌浆在地基土的孔隙内产生的超孔隙压力和复合灌浆料固结后的膨胀性，抬升并加固建筑物。水泥基复合灌浆材料继承水泥-水玻璃双液浆的特性，能够在 15s 的时间内固化，掺入有机高分子化学材料后，可使浆液形成有效强度时间缩短至 1~2h 且具有膨胀性。为了避免浆液在产生强度前，地基土中超孔隙压力逐渐释放，导致建筑物再次下沉，在锚杆静压桩顶与原建筑物基础之间采用预应力装置相连接。当建筑物在化学灌浆的作用下抬升后，立即在桩顶处施加预应力。在停止灌浆后，浆液引起的超孔隙压力即会消散，而该部分预应力通过阻止建筑物下沉的趋势，达到减缓地基土中超孔隙压力消散速度的效果，为化学浆固结形成有效强度争取一定的时间。施加了预应力的锚杆静压桩的承载力仅用来弥补地基土中超孔隙压力的消散，且水泥基复合灌浆料在 1~2h 内即可形成强度，故桩本身并不需要其具有很高的承载力，只需要少量的布桩即可实现。待水泥基复合灌浆料的固结体形成强度后，便达到了建筑物止沉的目。

如果反复进行灌浆、不断抬升、反复施加预应力，即可实现对高层建筑逐渐累积纠偏，最终达到纠偏加固的目的。化学灌浆联合预应力锚杆静压桩纠偏新技术所需要的桩数量少、对原基础的破坏少、成本低，灌浆与纠偏过程连续可控，值得在高层建筑地基基础加固与纠偏工程中进行推广和应用。

第9章
灌浆工程质量检查与检测

灌浆工程质量检查与检测分为三个阶段进行，分别是灌浆工程施工前、灌浆工程施工过程中和灌浆工程施工完成后，三个阶段对成程质量检查与检测的侧重点不同，目的都是使灌浆施工的工程质量达到设计或技术标准（规范）要求。

9.1 灌浆工程施工前质量检查

灌浆工程施工前质量检查的目的是保证灌浆施工按设计要求和施工组织设计（方案）要求有序开展，及早发现施工中影响工程质量的问题，将对工程质量影响的不利因素在开工前消除。

灌浆工程施工前质量检查的内容主要有：

（1）对进场的灌浆材料按要求抽检，是否满足原材料有关的技术指标要求；

（2）是否编制施工组织设计（施工方案），是否按程序对方案进行了审查；

（3）施工设备的计量工具和仪表等是否经过标定，是否在标定有效期内；

（4）是否对现场施工人员进行了技术交底和安全教育。

灌浆工程施工前质量检查的手段主要有：

（1）灌浆材料现场抽查，送第三方检验检测；

（2）查验相关设计和施工组织方案的评审资料；

（3）核验进场的灌浆材料与设备是否与设计方案相符；

（4）查验相关计量工具、仪表等的标定资料；

（5）查验相关的技术交底记录和安全教育记录资料，与相关工程技术人员和施工人员交流了解施工准备情况。

灌浆工程施工前质量检查的时间应在施工人员、设备和灌浆材料进入施工场地后、正式开始施工前进行；如有现场灌浆试验，可与现场灌浆试验工作同步进行。

9.2 灌浆工程施工过程质量检查

灌浆工程施工过程质量检查的目的是对灌浆施工过程中是否按有关设计要求进行的旁

站查验，从而保证施工质量。若施工过程中出现与设计或地质条件严重不符的情况，通过旁站检查可及时采取措施对设计或施工方案进行调整，实行动态化的设计与施工，将影响工程质量的问题在施工过程中予以解决。

灌浆工程施工过程质量检查的内容主要有：

（1）对使用中的灌浆材料按要求抽检；

（2）灌浆压力；

（3）灌浆流量；

（4）浆液配合比；

（5）灌浆孔孔距、排距；

（6）提（下）管速度、旋转速度；

（7）窜孔、冒浆、漏浆情况；

（8）是否满足停灌条件；

（9）灌浆施工场地周边环境变化等。

灌浆工程施工过程质量检查的手段主要有：

（1）灌浆材料现场抽检，送第三方检验检测；

（2）现场旁站观察、测量；

（3）检查现场施工原始记录，核验、分析施工过程原始记录的正确性；

（4）查验相关设计变更与工程施工来往资料；

（5）重点检查施工过程中出现异常的处理措施是否得当；

（6）与相关工程技术人员和施工工人交流了解施工过程。

灌浆工程施工过程质量检查应涵盖灌浆施工全过程。

9.3　灌浆工程施工完成后质量检测

灌浆工程施工完成后质量检查的目的是对灌浆工程效果是否达到设计要求或技术标准（规范）要求进行工程质量检验，为灌浆工程的验收提供依据。

灌浆工程施工完成后质量检查的内容主要有：

（1）工程施工资料的完整性；

（2）根据灌浆工程的目的，检查相应的技术指标是否达到设计要求或技术标准（规范）要求。

灌浆工程施工完成后质量检查的手段主要有：

（1）查验工程资料；

（2）针对不同目的的灌浆工程，采取不同的技术方法进行质量检测与评定。

对防渗堵漏工程，灌浆施工完成后工程质量检测方法主要有：现场观察法、示踪剂法、钻孔抽（压）水试验法、灌浆前后渗漏水水量比较法等。

对混凝土缺陷补强加固工程，灌浆施工完成后工程质量检测方法主要有：回弹仪法、超声波法、微型钻孔取芯法、室内试验等。

对地基处理工程，灌浆施工完成后工程质量检测方法主要有：标准贯入度法、静力触探法、现场载荷试验法、电阻率法、钻孔取芯观察法、钻孔取芯室内物理试验法、钻孔取芯室内化学分析法、钻孔取芯电镜分析法等。

对溶洞灌浆工程，灌浆施工完成后工程质量检测方法主要有：钻孔取芯法、压水试验法、地质雷达法、电阻率法、热敏仪法、钻孔摄影法等。

对混凝土灌注桩缺陷补强加固工程，灌浆施工完成后工程质量检测方法主要有：钻孔取芯法、小应变法、现场载荷试验法、大应变法、超声波法、钻孔摄影法等。

灌浆工程施工完成后质量检查的时间应在灌浆全部工程完成后或灌浆的分部分项工程施工完成后且达到灌浆工程一定条件（龄期）后进行。

除帷幕灌浆及防渗堵漏质量检测效果较直观明了之外，对地基基础加固处理尤其是地基处理灌浆效果的检测检验技术，目前仍然没有一种能真实、客观反映灌浆工程实际效果与质量的检测方法，给灌浆工程的检验验收带来困惑。因此，灌浆工程质量检测大多以两种或两种以上的方法进行，各种方法之间互为校验，减少检验方法的片面性、盲目性和随意性，探索更全面、更科学的检测灌浆质量和效果的方法，具有重要的现实意义。

第10章
工程实例

在建筑物的建造和使用过程中，灌浆技术因其施工简便灵活、适应范围广、设备小、材料来源较广、造价较低、可解决工程中遇到的一些疑难棘手问题，如溶洞和采空区的充填、基坑的防渗堵漏、抢险中的涌泥涌水涌砂、锚杆（索）的锚固、混凝土结构的缺陷修复、既有建筑物的地基基础加固等，得到了广泛的应用。

本章选取了溶洞灌浆、桩基补强、混凝土结构修复、既有建筑物的地基基础加固纠偏以及抢险灌浆的 16 个典型工程实例，供应用时参考。

10.1 溶（土）洞的灌浆处理

10.1.1 灌浆处理溶洞

10.1.1.1 工程概况

某大型住宅小区位于广州市花都区，拟建建筑物共 13 栋，均为地上 32 层（首层架空），建筑高度 98.10m；地下室 2 层，深度约为 10.0m。建筑结构形式，塔楼采用剪力墙结构，地下室采用框架结构。

勘察报告显示，本场地的溶（土）洞非常发育，场地 119 个钻孔中，见土洞钻孔共有 12 个，主要分布于场地西北侧，钻孔见土洞率为 10.08%；见溶洞钻孔有 54 个，钻孔见溶洞率为 45.37%，所揭露（钻进）岩层总进尺为 699.88m（含溶洞进尺），其中见溶洞的总进尺为 291.75m，线岩溶率（钻进进尺岩溶率）为 41.68%，岩溶强发育。

该工程采用夯扩桩＋阀板的复合地基处理方式，夯扩桩的持力层处在中粗砂层，溶洞会严重影响地基稳定性。为了保障基础的稳定，需对相关的溶（土）洞进行处理。

10.1.1.2 工程及水文地质特征

1. 地质情况

该场地位于广花复向斜岩溶盆地核部地带，场地外有北东向区域性断层通过，场地内有两条隐伏断裂带通过，钻探揭露的地层主要是石炭系下统石磴子组灰岩及第四系冲积土和残积土。场地位于广花冲积平原中北部，场地内原为种养区，后为人工填平。

石炭系下统石磴子组（C1ds）灰岩：

广泛分布于场地，在钻探深度范围内共有 118 个钻孔揭露到该层，其顶板埋深 17.00～49.70m，标高－38.28～－5.23m；单层层厚 2.00～6.90m，平均 3.51m。灰色、浅灰色、浅灰白色、浅肉红色等，隐晶～微晶结构，中厚层状构造，矿物成分主要为方解石，含泥质；岩石普遍呈微风化，岩质较硬～坚硬，岩体闭合性裂隙较发育，铁锰质充填，岩石表面多见溶蚀现象，部分岩芯显示溶沟、溶槽、石芽发育。岩芯多呈长柱状、短柱状，少量块状，部分岩质呈现硅化、大理石化，岩芯普遍较完整，岩体质量等级为Ⅱ～Ⅲ类。岩层溶洞等岩溶强烈发育。

2. 地下水概况

本场地地下水类型主要有第四系孔隙水和石炭系下统石磴子组（C1ds）灰岩岩溶裂隙水。孔隙水主要赋存于第四系冲积砂层，其广泛分布于场地内，呈稍密状为主，透水性较强，水量较丰富。岩溶裂隙水赋存于上述灰岩溶洞等岩溶发育带中，地下水富水程度明显受岩溶发育程度的控制。该灰岩岩溶特别发育，虽然普遍有砂土及黏性土充填，但在钻探时普遍有漏水现象，说明岩溶溶洞充填不紧密，有地下水活动。因此，地下水富水性总体丰富。岩溶裂隙水与孔隙水普遍存在水力联系。

3. 不良地质

场地不良地质作用主要是持力层下卧淤泥层、岩面之上的软流塑状黏土层、土洞、溶洞及其他岩溶形态。

10.1.1.3 场区溶（土）洞分布情况

1. 土洞分布

塔楼基础范围内土洞发育情况详见表 10-1。全部土洞在钻进时出现漏水、漏浆和掉钻现象，其走向、范围尚不清楚。

塔楼范围土洞发育情况统计　　　　　　　　　　　　　　　　　表 10-1

孔号	顶板标高(m)	深度(m)	洞高(m)	充填情况及掉钻、漏水情况
KK4	－17.67	29.80～36.20	6.40	全充填，充填物为流～软塑状黏土，钻进时自动自落
KK9	－16.98	28.40～37.00	8.60	无充填，钻进时出现掉钻现象
KK35	－11.24	24.20～36.80	12.60	无充填，钻进时出现掉钻现象
ZK1	－21.18	34.45～35.70	1.25	半充填，充填物为流～软塑状黏土，钻进时钻杆自落
ZK6	－5.61	17.80～21.00	3.20	半充填，钻进时出现掉钻及流～软塑状黏土
ZK8	－26.05	28.50～33.00	4.50	无充填，钻进时出现掉钻现象
ZK8	－16.55	38.00～43.50	5.50	无充填，钻进时出现掉钻现象
ZK9	－7.58	19.50～29.70	10.20	半充填，钻进时出现掉钻及流～软塑状黏土
ZK23	－9.33	21.50～34.70	13.20	全充填，充填物为流～软塑状黏土，钻进时自动自落
ZK42	－8.01	20.75～22.50	1.75	半充填，充填物为细砂及浅黄间白色黏土
ZK56	－12.26	25.10～48.80	23.70	全充填，充填物为流～软塑状黏土，钻进时自动自落
ZK64	－4.29	16.00～17.00	1.00	无充填，钻进时出现掉钻现象

2. 溶洞分布

场地勘察的 119 个钻孔中，见溶洞的钻孔有 54 个，钻孔见洞率为 45.37%，溶洞发育情况详见表 10-2 和表 10-3。所揭露的溶洞中，大部分有充填物，充填物主要是软～流塑状黏性土及饱和松散状石英质砂土，钻进时普遍出现掉钻和漏水现象，其走向、范围未探清楚。

部分具代表性的单层溶洞发育情况统计 表 10-2

孔号	顶板厚度（m）	深度（m）	洞高（m）	充填情况及掉钻、漏水情况
HK6	0.40	28.60～32.20	3.60	半充填，充填物为流～软塑状黏土
HK7	0.40	22.30～28.90	6.60	全充填，充填物为流～软塑状黏土
HK10	0.40	24.10～24.90	0.80	无充填，钻进时出现掉钻现象
HK14	0.60	25.60～28.20	2.60	半充填，充填物为流～软塑状黏土
KK1	1.90	32.00～37.20	5.20	呈串珠状，由 2 个溶洞串珠而成，半充填，充填物为红褐色
KK9	0.10	37.10～49.70	12.60	呈串珠状，半充填，充填物为流～软塑状黏土
ZK18	0.20	18.10～20.20	2.10	半充填，充填物为棕红色黏土
ZK20	1.10	23.10～25.40	2.30	呈串珠状溶洞，由 1 个溶洞串珠而成，半充填，充填物为流塑状粉质黏土，其中 23.70～24.10m 段为微风化灰岩
ZK21	0.30	25.80～27.10	1.30	充填，充填物为流～软塑状黏土
ZK22	0.30	20.00～21.40	1.40	半充填，充填物为流～软塑状黏土
ZK25	0.10	33.60～36.80	3.20	半充填，充填物为红褐色粉质黏土
ZK38	0.10	24.10～25.60	1.50	半充填，充填物为石英砂及黏土
ZK39	1.20	22.50～22.70	0.20	全充填，充填物为流～软塑状黏土
ZK44	0.10	20.00～30.50	10.50	半充填，充填物为流～软塑状黏土及石英砂
ZK47	1.70	21.80～23.90	2.10	全充填，充填物为流～软塑状黏土
ZK65	0.10	20.10～23.00	2.90	呈串珠状，由 1 个溶洞串珠而成，全充填，充填物为流～软塑状黏土，其中 20.80～21.00m 段为微风化灰岩

部分具代表性的多层溶洞发育情况统计 表 10-3

孔号	顶板厚度（m）	深度（m）	洞高（m）	充填情况及掉钻、漏水情况
HK1	0.20	31.20～32.80	1.60	全充填溶洞，充填物为红褐色黏土
	0.50	33.30～34.00	0.70	无充填，钻进时出现掉钻现象
KK3	0.30	27.90～34.70	6.80	呈串珠状，全充填，充填物为黄褐色黏土，其中 29.80～30.10m，31.20～31.60m 段为微风化灰岩
	1.30	36.00～39.30	3.30	半充填，充填物为黄褐色黏土
	0.70	40.00～40.30	0.30	全充填溶洞，充填物为流～软塑状黏土
KK15	2.20	27.70～29.10	1.40	半充填，充填物为流～软塑状黏土
	1.10	30.20～32.10	1.90	无充填，钻进时出现掉钻现象
	1.30	33.40～41.00	7.60	呈串珠状，由 4 个溶洞串珠而成，半充填，充填物为流～软塑状黏土，其中 34.90～35.60m、36.10～36.50m、39.20～39.80m、40.40～40.80m 段为微风化灰岩
KK17	0.10	18.80～21.60	2.80	半充填，充填物为流～软塑状黏土
	2.40	24.00～24.80	0.80	半充填，充填物为流～软塑状黏土，钻进时出现全漏水现象
	0.40	25.20～26.20	1.00	半充填，充填物为流～软塑状黏土及岩块

孔号	顶板厚度(m)	深度(m)	洞高(m)	充填情况及掉钻、漏水情况
KK19	1.20	22.00～22.50	0.50	半充填,充填物为流～软塑状黏土
	2.20	24.70～25.60	0.90	无充填,钻进时出现掉钻现象
	1.10	26.70～28.20	1.50	无充填,钻进时出现掉钻现象
ZK4	2.10	23.50～23.80	0.30	全充填,充填物为浅黄色粉质黏土
	1.00	24.80～25.30	0.50	全充填,充填物为浅黄色粉质黏土
	2.70	28.00～30.00	2.00	全充填,充填物为浅黄色粉质黏土
ZK15	1.00	20.70～22.50	1.80	半充填,充填物为流～软塑状黏土
	1.00	23.50～24.60	1.00	半充填,充填物为流～软塑状黏土
ZK24	0.30	27.60～28.00	0.40	半充填,充填物为粉质黏土
	0.50	28.50～28.80	0.30	半充填,充填物为粉质黏土
ZK29	0.50	23.10～25.80	2.70	呈串珠状溶洞,由3个溶洞串珠而成,半充填,充填物为流塑状黏土,其中23.50～23.80m、24.10～24.50m、25.20～25.40m段为微风化灰岩
	1.00	26.80～27.50	0.70	无充填,钻进时出现掉钻现象
ZK37	0.30	26.10～32.00	5.90	为溶洞边缘,充填物为黄色黏土
	0.80	32.80～38.40	5.60	呈串珠状溶洞,半充填
ZK52	0.40	20.30～20.90	0.60	半充填,充填物为流～软塑状黏土
	0.80	21.70～26.50	4.80	全充填,充填物为棕红色黏土

10.1.1.4 溶(土)洞特点及加固处理设计要点

1. 溶洞处理的目的

本工程拟针对不同的溶(土)洞情况,采用不同的工艺、不同的材料配方,有针对性地分四种类型进行处理,其目的是:

(1) 充填溶(土)洞内的空洞,防止塌陷;

(2) 堵截溶(土)洞内的流水,阻止溶(土)洞的进一步发展;

(3) 充填加固软弱土质,增强土层的承载力;

(4) 有效利用洞内原有充填物,使灌入的浆材能够有效进行挤密和加固,使其成为一个能满足使用要求的固结体。

2. 溶洞处理的要求

(1) 局部钻孔出现治理层中粗砂层下卧流软塑状黏土,要进行岩面的灌浆加固。

(2) 地下室轮廓线内的土洞都要进行地基基础加固灌浆处理。

(3) 塔楼基础范围之内的单层溶洞和多层溶洞都要进行灌浆处理,共24个单层溶洞,5个多层溶洞。单层溶洞洞高共计103.4m,平均洞高4.31m;多层溶洞洞高共计29.8m,平均洞高5.96m。

(4) 在存在溶洞的塔楼部位增加勘察孔,勘察孔间距不大于6m,若存在溶洞则进行灌浆处理。具体办法按施工参数里面的规定。

(5) 对每一种类型的溶(土)洞,均根据现场灌浆情况动态调整配方、材料的配比,以适应不同的灌浆作用机理(如渗透、充填、挤密、固结、止水或几种机理及效果兼有的工艺），使其更符合工程现场的需求。

3. 溶洞不同充填物的处理要点

（1）无充填或半充填的溶（土）洞灌浆

对无充填或半充填的溶（土）洞采用复合水泥浆液，以充填灌浆为主，要求灌入的浆液能够控制在一定范围内固结，不至于浆液流失过大。主要采用的灌浆材料有：水泥、砂（碎石）、膨润土、粉煤灰、化学浆材。

（2）充填物为砂的溶洞灌浆

对于这类溶洞需采用以渗透、挤密灌浆为主，要求灌入的浆液具有一定渗透固结能力。主要采用的灌浆材料有：水泥、膨润土、化学浆材。

（3）充填物为流塑状黏土的溶洞灌浆

对于这类溶洞需考虑灌入有一定强度、形成一定骨架的填充物、提高其强度的材料，使灌入的浆液具有劈裂和挤密能力。主要采用的灌浆材料有：水泥、化学浆材。

10.1.1.5 溶（土）洞灌浆处理施工

地基基础处理只针对塔楼基础范围之内的溶洞，共计 24 个钻孔揭露的溶洞需进行灌浆处理，溶洞洞高共计 103.4m，平均洞高 4.31m。

1. 灌浆材料选择

（1）水泥：采用普通硅酸盐 32.5R 水泥。

（2）砂：质地坚硬的天然砂，粒径不宜大于 2.0mm。

（3）膨润土：塑性指数不宜小于 14，黏粒（粒径小于 0.005mm）含量不宜低于 25%，含砂量不宜大于 5%，有机物含量不宜大于 3%。

（4）粉煤灰：精选的粉煤灰，煤失量应小于 8%，SO_3 的含量不宜小于 3%，细度不宜低于使用的水泥细度。

（5）水：用于拌合浆材的水，不得含有油、酸、盐类、有机物及其他对灌浆材料等产生不良影响的物质。

（6）化学浆材：起促凝、活性耦联、增稠增黏力、改善被水稀释性能、早强、相互产生协同效应等作用的浆材。

2. 施工参数

1）钻孔参数

（1）对于无填充物的溶土洞：以 ϕ110mm 开孔，进行钢管灌浆。

（2）对于有充填物为流塑状黏土的溶（土）洞：以 ϕ110mm 孔径开孔，可视情况采用钢管或袖阀管灌浆。

（3）对于单层溶洞，要求钻至溶洞底部，对于双层溶洞，要钻穿上层溶洞后再往下钻至第二层的溶洞底部。钻孔内埋设灌浆管为 ϕ48mm 钢管或袖阀管，灌浆管长度比钻孔深度少 0.3～2m。

2）灌浆压力

依据洞体内充填物情况及净空条件，无充填物的溶洞的灌浆压力为 0.3～0.7MPa，充填物为砂、黏土的溶（土）洞的袖阀管灌浆压力为 0.4～1.2MPa，具体根据灌浆情况由现场进行调整控制。

3）浆液材料配比

浆液材料配比根据不同的地质条件和现场灌浆情况，进行适当的调整以满足不同部位、不同条件下的工艺与设计要求。

无充填的溶洞灌浆充填，材料配比（复合水泥砂浆）为水∶水泥∶砂∶膨润土∶粉煤灰∶化学浆材＝1.8∶1∶（0.5～2.0）∶0.3∶（0.2～0.8）∶（0.03～0.1）（质量比）。

充填砂的溶洞和土洞的灌浆，材料配比（复合水泥浆液）为水∶水泥∶膨润土∶粉煤灰∶化学浆材＝（1～2）∶1∶（0.1～0.8）∶（0.1～0.5）∶（0.05～0.2）（质量比）。

充填物含流塑状黏土的溶洞灌浆，材料配比为水∶水泥∶化学浆材＝1.8∶1∶0.03～0.2（质量比）。

根据施工现场施工的灌浆压力和检查孔的情况，三种配方可以组合使用。

4）灌浆结束标准

（1）钢管灌浆结束标准：通过灌浆压力和灌浆流量双参数控制，在 0.5～0.7MPa 的灌浆压力下，注入量＜5L/min，稳压 5min。

（2）袖阀管灌浆结束标准：通过灌浆压力和灌浆流量双参数控制，在 0.8～1.2MPa 的灌浆压力下，注入量＜10L/min，稳压 5min。

3. 孔位布设

在勘察资料基础上，根据溶洞分布情况进行充填处理孔的布置，使处理范围内溶洞充填饱满并符合设计要求。在已探明的溶洞地面范围内布设灌浆孔位，灌浆孔可同时兼作出气孔和土（溶）洞勘察孔使用。考虑充填物料的扩散能力、已探明孔洞的情况以及洞高等因素，每个已探明存在溶洞的详勘钻孔平均布孔约 4 个，其中半径为 2.0m 的 3 个孔为 I 序孔，半径为 0.2～1.0m 的另一个孔为勘察孔，兼作出气孔。视溶洞的发展情况再做处理，如图 10-1 所示。

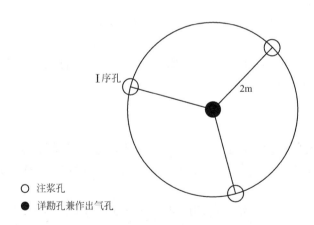

○ 注浆孔
● 详勘孔兼作出气孔

图 10-1　溶洞灌浆处理孔位布置示意图

4. 施工工艺及要点

本工程将根据现场不同情况采用单液及双液相互结合灌浆、间歇灌浆、复循灌浆、扫孔灌浆等综合工艺，以达到用最少的浆材、最低的成本而取得最佳的灌浆效果。

（1）钻孔的垂直偏斜度不超过 1.0%；按设计要求选择合适的钻头，钻至预定位置。

钻进时视情况采用泥浆护壁，并可下入套管以保证土方不致塌落。

（2）灌浆施工采用先灌外围，再逐步向内围灌浆的处理工艺，且周围按Ⅰ序孔间隔钻孔灌浆。在Ⅰ序孔施工过程中追踪浆液的流向，当Ⅰ序孔完成每孔的灌浆后，随后的每一次钻孔灌浆均是对前面灌浆效果的检验，以此来指导下一次灌浆的控制因素。Ⅰ序灌浆孔可视已施工的夯扩桩部位及溶（土）洞走向分布情况，适当调整，以保证灌浆材料都能有效地充填、固结承台和柱基础下面的溶（土）洞相关部位。

（3）溶洞分布区内钻孔后，根据钻孔资料情况再下灌浆管至溶洞底以上 0.3～2.0m，钻孔应超前于灌浆，即钻孔数量应超前灌浆一个或数个孔位。

（4）按设计要求与现场施工情况配制水泥化学浆或水泥膨润土等类浆液。浆液应搅拌均匀，随搅随用，并在初凝前用完，防止其他杂物混入浆液。

（5）水泥砂浆灌浆采用 ϕ48mm 钢管，采用上行式灌浆工艺。每次停止灌浆时要采取适当措施，防止水泥砂浆把灌浆管堵塞。

（6）袖阀管出浆孔布置在土（溶）洞位置上、下各 0.3～2m，以保证土（溶）洞的挤密效果，袖阀管灌浆宜反复多次灌浆，严格执行灌浆结束标准。

（7）根据本工程溶洞的特点，在灌浆过程中管口应始终保持在溶洞内，这有助于浆液材料在洞体内充填密实。

（8）钻孔时灌浆孔兼作土（溶）洞分布的勘探孔，从钻孔探得土样或岩样等情况判断土（溶）洞的分布和走向，从而指导灌浆孔的布置和灌浆参数的调整。

（9）当未能达到灌浆结束标准，即灌浆未起压时，可适当调整水泥化学浆液或水泥膨润土化学浆液的配比，采用间歇灌浆、复循灌浆以及单、双液相结合的灌浆等工艺再进行灌浆，直至洞体能够密实充填，达到设计要求。

10.1.1.6 灌浆效果的检验

（1）灌浆结束后，对溶洞灌浆进行了检测。采用了分析法、钻孔抽芯和标准贯入试验法。

（2）根据溶洞处理区域的钻孔资料了解溶洞特征，先对溶洞容积进行定性分析评价，再根据灌浆量与灌浆压力对溶洞充填效果进行判断，如灌浆量与溶洞预估体积相差不大或存在溶洞的灌浆压力能满足设计要求，即可初步认为溶洞已经充填饱满。

（3）钻孔抽芯检测基本达到了充填加固溶洞的要求。

（4）标准贯入试验验证也满足了设计要求。

10.1.2 灌浆处理土洞

10.1.2.1 工程概况

拟建商住楼位于广东省佛山市，场地占地面积约 130 亩，楼高 17～32 层，有 1 层地下室。基础采用摩擦型桩基础。

基础勘察发现该场地底下局部发育有土洞、溶洞，且有其他不良土体，主要包括松软砂土层和黏性软塑土层等。桩基础采用的是摩擦型桩，对基岩中的溶洞可不进行处理；而土洞的存在对摩擦桩的承载力（主要为桩侧土阻力）和沉降影响较大，特别是土洞的进一步发展，对建筑物的安全存在较大的影响，为确保有效消除土洞对建筑桩基础存在的潜在隐患，需对土洞进行灌浆处理。

10.1.2.2　场区不良地质体分布情况

1. 土洞的形成及分布情况

场区内广泛分布的灰岩，由于强透水层中的地下水的溶蚀，潜蚀作用与重力地质作用，土洞、溶洞较为发育。在强渗透的地下水流冲刷作用下，残积层的粉土、粉质黏土逐渐冲蚀易形成土洞，且洞顶形成拱形。根据地质勘察报告：①ZK43 钻孔揭露土洞 T1，土洞分布范围约 26m^2，洞顶标高－45.24m，洞顶离地表深度 40.40m，最大洞高 6.9m，土洞中含有泥质物充填；②ZK62 钻孔揭露土洞 T2，土洞分布范围约 155.2m^2，洞顶标高－30.25m，洞顶离地表深度 26.80m，最大洞高 15.0m，土洞中漏水。

2. 土洞处理要求

土洞对本工程摩擦桩的桩侧阻力（桩的承载力）和沉降量影响较大，甚至对建筑物的长期使用存在安全隐患，因此，必须对其进行处理。根据处理的目的和要求：①处理后土洞内充填物标贯试验的承载力为 90kPa；②对已探明且桩基础影响范围内的土洞进行有效填充，处理后抽芯检测不能存在空洞。采用灌浆方法对场地内的土洞进行处理。

10.1.2.3　土洞灌浆处理措施

本着经济、有效、可靠为原则，针对土洞的特点，拟采用水泥＋膨润土＋化学浆材的水泥膨润土化学浆液进行灌浆处理。水泥膨润土类浆液的主要成分为：水泥、膨润土、化学浆材，其中化学浆材主要起促凝、活性耦联、早强等作用。

由于加入了膨润土及化学浆材，相比纯水泥浆液，其收缩率小、固结体体积大、有效填充率高。

10.1.2.4　灌浆处理土洞施工工艺

灌浆处理遵循先外围灌浆孔后内部灌浆孔的原则。

1. 灌浆材料选择

（1）水泥：采用普通硅酸盐 32.5R 水泥。

（2）膨润土：塑性指数不宜小于 14，黏粒（粒径小于 0.005mm）含量不宜低于 25%，含砂量不宜大于 5%，有机物含量不宜大于 3%。

（3）水：用于拌合浆材的水，不得含有油、酸、盐类、有机物及其他对灌浆材料等产生不良影响的物质。

（4）化学浆材：用于促凝、活性耦联、增稠、增粘结力、改善被水稀释性能、早强、相互产生协同效应等。

2. 施工参数

（1）钻孔参数

根据处理目的和要求，以 ϕ89mm 开孔，钻孔至土洞底面。

（2）灌浆压力

依据洞体内充填物情况及净空条件，灌浆压力为 0.2～1.0MPa，具体由现场施工进行调整控制。

（3）浆液配比

浆液材料配比（质量比）根据不同灌浆顺序孔和目的调整：

①外围Ⅰ、Ⅱ序孔灌浆浆液，水：水泥：膨润土：化学浆材＝2：1：1.5：0.03。

②Ⅲ序孔灌浆浆液，水∶水泥∶膨润土∶化学浆材＝1∶1∶0.3∶0.02。

③对于有较大动水及需要速凝的情况，可使用如下浆液，水∶水泥∶膨润土∶化学浆材＝0.8∶1∶0.2∶（0.2～0.3）。

（4）灌浆结束标准，通过灌浆压力和灌浆流量双参数控制，在 0.3～0.8MPa 的灌浆压力下，注入量＜5L/min，稳压 5min。

3. 孔位布设

根据土洞分布情况进行灌浆孔的布置，使处理范围内土洞充填饱满并符合设计要求。在已探明的土洞地面范围内布设灌浆孔位（灌浆孔可兼作出气孔使用）。考虑充填物料的扩散能力、已探明孔洞的连通情况以及洞高等因素，孔位布置具体方法如图 10-2、图 10-3 所示。

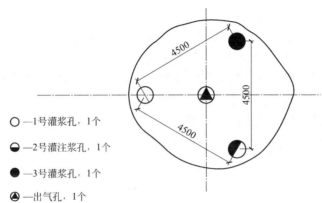

○—1号灌浆孔，1个

◒—2号灌注浆孔，1个

●—3号灌浆孔，1个

▲—出气孔，1个

图 10-2　T1 土洞灌浆孔平面图

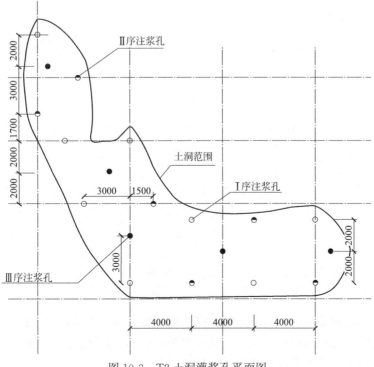

图 10-3　T2 土洞灌浆孔平面图

10.1.2.5 施工要点

（1）灌浆施工采用先灌外围，再逐步向内围的灌浆处理工艺，且周围按Ⅰ序孔和Ⅱ序孔间隔钻孔灌浆。在外围Ⅰ、Ⅱ序孔灌浆围封后，再在Ⅰ、Ⅱ序孔间的内围按梅花状布Ⅲ序孔，灌浆孔兼作检查孔，按先外围后内围、逐步加密原则布孔。

（2）根据土洞高度及灌浆情况，视工程情况可在已灌填处理位置适当加钻孔位，作为灌浆检查孔，检查Ⅰ、Ⅱ、Ⅲ序孔的灌浆效果，然后再视情况适当对未填满浆材部位进行灌浆。

（3）灌浆过程中应观察临近孔出气的问题，以便于灌浆过程中减少洞内气压，使浆液更利于往洞内充填，以达到增加充填范围和灌浆效果的目的。

（4）当Ⅰ序孔完成相邻的两孔灌浆后，随后的每一次钻孔灌浆均是对前面灌浆效果的检验，特别是Ⅱ序及Ⅲ序灌浆孔，以此作为指导下一次灌浆的控制因素。

（5）土洞分布区内钻孔后，根据钻孔资料情况在适当部位下灌浆花管至钻孔孔底，钻孔应超前于灌浆，即钻孔数量应超前灌浆一个或数个孔位。

（6）按设计要求与现场施工情况配制水泥化学浆液或水泥膨润土类浆液，浆液应搅拌均匀，随搅随用，并在初凝前用完，防止其他杂物混入浆液。

（7）采用上行式灌浆工艺，灌浆时根据洞内吸浆情况，自孔底逐步匀速将灌浆管向上拔直至洞顶，在拔管过程中管口应始终保持在土洞内，这有助于浆液材料在洞体内充填密实，详见图10-4。

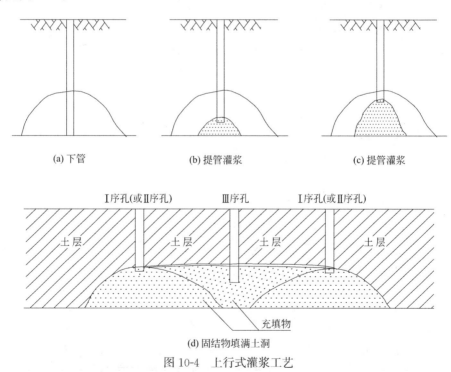

(a) 下管　　　　　　(b) 提管灌浆　　　　　　(c) 提管灌浆

(d) 固结物填满土洞

图10-4　上行式灌浆工艺

（8）当未能达到灌浆结束标准，即灌浆未起压时，可适当调整水泥化学浆液或水泥膨润土化学浆液的配比，采用间歇灌浆、复循灌浆以及单、双液相结合的灌浆等工艺再进行灌浆，直至洞体能够密实充填，达到设计要求。

10.1.2.6　灌浆效果的检验

（1）根据土洞处理区域的钻孔资料了解土洞特征，先对土洞容积进行定性分析评价，再根据灌浆量与灌浆压力对土洞充填效果进行判断，如灌浆量与土洞预估体积相差不大或存在土洞的灌浆压力能满足设计要求，即可初步认为土洞已经充填饱满。

（2）进行了标准贯入试验，经检验灌浆充填物的承载力达到了设计要求。

10.2　桩基的修复补强灌浆处理

桩基础常基于各种原因导致桩出现缺陷，尤其是现浇的钢筋混凝土灌注桩、素混凝土桩、碎石桩、CFG 桩等更易发生问题。目前，灌浆法是处理桩基病害行之有效的方法，灌浆技术不仅可在桩体内修补桩身缺陷、提高桩身强度，还可以在桩基周围灌浆，改善桩-土相互作用，以提高桩基轴向承载力。

10.2.1　工程概况

广州某小区高层住宅楼基础采用冲孔桩基础，工程桩施工完后在抽芯检测过程中，发现 A9-63 号桩桩底持力层存在强～中风化花岗岩，岩石裂隙发育，遇水软化，手捏易碎，局部结构破坏严重，强度较低，无法满足设计桩基承载力要求。

10.2.2　A9-63 号桩灌浆前抽芯情况

A9-63 号桩桩径 1200mm，分别在 A9-63 号桩上进行了两个钻孔的抽芯，图 10-5（a）所示钻孔位于桩中心偏东侧 100mm，图 10-5（b）所示钻孔位于桩中心偏西侧 400mm。鉴于场地已无法新增灌注桩取代问题桩，所以只能采用灌浆法对该问题桩进行补强加固。

10.2.3　A9-63 号桩灌浆处理施工

处理方案采用高压水反复切割、冲洗循环＋静压灌浆工艺对该灌注桩的缺陷部位进行处理，确保将桩底风化的岩石固结成整体以提高桩端持力层强度，满足桩的承载力要求。

1. 施工要点

（1）根据桩径和桩底缺陷的实际情况，除利用抽芯时已有的两个抽芯钻孔作为灌浆孔外，需在距桩中心偏北侧 300mm 位置处再新增一个钻孔（图 10-5c）。

（2）根据桩端持力层承载力要求，灌浆材料选用高强度等级 52.5R 普通硅酸盐水泥，水灰比 0.45～0.8，为改善浆液的流变及浆液结石体的性能，在灌注时掺入适量的添加剂。

（3）清孔：用高压旋喷机将清水和压缩空气分别在三个钻孔中灌入抽芯孔中，对桩底的碎屑物和沉渣进行反复清理，直至各个孔内没有泥砂等碎屑物流出而只有清水流出为止。灌入清水的压力保持在 30MPa 左右，压缩空气的灌入压力保持在 0.7MPa 左右。

（4）灌浆压力：开始灌浆时，灌浆压力不大于 0.5MPa；随着灌浆的进行，灌浆压力

(a)   (b)

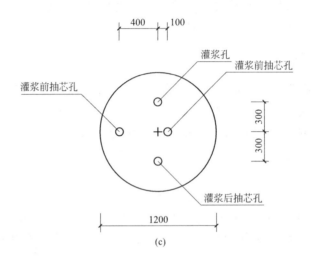

(c)

图 10-5　A9-63 号桩灌浆前抽芯情况

逐渐增大，最大不超过 2.0MPa 左右；当压力瞬间增大时即可停止灌浆。

（5）一个孔灌浆时另两个灌浆孔为观察孔，观察邻近孔位的串浆等情况，通过循环灌浆使桩底碎屑岩体逐渐固结，细小颗粒及杂物则由循环系统返出孔口。同时，根据灌浆压力、吸浆与回浆情况，按照"浆液先稀后浓，压力先小后大，慢速均匀"进行控制，使水泥浆尽可能地充填进岩体裂隙中以获取较好的灌浆效果。

（6）灌浆完成后，需用高强度等级水泥浆加微膨胀剂将钻孔回填密实。

2. 具体施工情况

（1）高压水切割情况

高压水压力 30MPa，高压水切割情况如表 10-4 所示。

高压水切割情况　　　　　　　　　　　　　表 10-4

桩号	钻孔编号	高压水切割时间	切割位置(m)
A9-63	北侧新增孔	2012 年 7 月 3 日	31～33
	东侧抽芯孔	2012 年 7 月 3 日	31～33.5
	西侧抽芯孔	2012 年 7 月 4 日和 7 月 7 日	31～37

（2）灌浆情况：2012年7月5日开始灌浆，三个孔共灌入52.5R普通硅酸盐水泥2.8t，在灌浆过程中三个孔均发生串浆现象，灌浆压力均能在2.0MPa左右稳压；西侧抽芯孔在最后加压中压力下降，发现桩周冒气泡和水泥浆，遂待水泥初凝后重新对西侧孔进行了洗孔，在7月8日重新再进行灌浆，灌入水泥0.85t，灌浆压力在2.0MPa稳压。A9-63号桩注浆水泥共用3.65t。

10.2.4 A9-63号桩灌浆后抽芯及影像分析

1. 灌浆后抽芯情况

由于工期，灌浆完成后14d，在距桩中心偏南侧300mm位置处钻孔抽芯观察灌浆补强的效果（图10-6）。

图10-6 A9-63号桩灌浆后抽芯样

2. 灌浆后抽芯样分析

抽芯现场芯样显示，经过灌浆后缺陷部位有大量水泥与岩石包裹的块状固结体；在原桩底缺陷上下部位可见水泥浆体与风化岩呈完好的胶结状态；缺陷部位的原强风化花岗岩已被水泥浆固结，没有发现灌浆前的碎岩屑，细颗粒岩屑或泥质杂物已经被水泥浆置换出来，灌浆达到了水泥浆充填、固结、加固的目的。

3. 灌浆后的抽芯孔水下摄影

2012年7月25日，在A9-63号桩东侧抽芯孔孔内采用水下摄影对灌浆进行直观观察（图10-7）。

从抽芯孔水下摄影照片分析，灌浆固结体将桩底风化岩碎屑已完全包裹固结成整体结构，照片显示水泥浆与桩底混凝土紧密粘结，且与岩石接触良好。

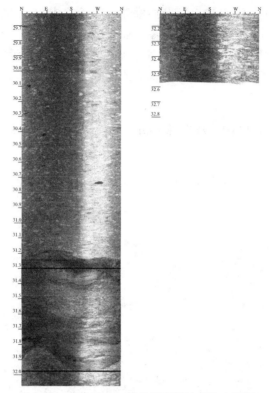

图 10-7　灌浆后 A9-63 号桩东侧抽芯孔内摄影

10.2.5　结论

A9-63 号桩桩底持力层缺陷部位经灌浆处理后被水泥浆置换充填，没有空洞，水泥浆充填饱满。

10.3　基坑渗漏水的灌浆处理

10.3.1　基坑底部涌水灌浆处理

10.3.1.1　工程概况

广东佛山某商场大厦项目主体结构地下两层、地上三层。基坑开挖已经完成，且已完成坑底垫层浇筑，在准备进行主体结构的施工时，基坑北侧靠近支护结构的部位发现两个漏水点，位于基坑底部。由于漏水量较大，无法进行下一步施工，需对漏水点进行封堵，以便于后序工程的施工作业。

10.3.1.2　工程地质概况

基坑所处场地地层分布主要为填土层、淤泥质土层、砂层、风化岩层，根据地层分布特征，估计砂层内的地下水具有一定的承压性。漏水点所处位置砂层与强风化砂岩直接接触，层面位置接近基坑坑底设计标高，基坑止水帷幕底标高也位于该层面附近。综合地质情况和止水设计，分析判断坑内漏水点涌水来自砂层，涌水通道为砂层与强风化岩层层面，具有微承压性。

10.3.1.3　灌浆处理方案

1. 砌筑集水井并浇筑除漏水点以外区域的混凝土

（1）利用漏水点附近现有的临时集水井收集坑内积水，并用水泵及时排出，保证垫层面干燥。

（2）以漏水点为中心，在漏水点两侧砌砖形成集水井（图 10-8）。新砌砖墙挡水应保证砂浆的饱满度，以免水透过砖缝流出集水井。井净宽度约 1m 即可。

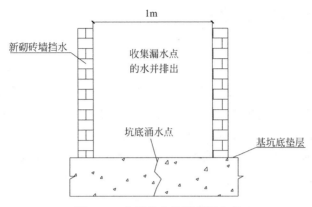

图 10-8　砌筑集水井隔离漏水点

（3）待坑底垫层面干燥后，可浇筑除图 10-8 中两个漏水点区域以外的混凝土，并等待混凝土初凝。

2. 采用化学灌浆法封堵漏水点

（1）以漏水点为中心，在距离漏水点 20cm 距离布置三个泄压孔，孔底入垫层底部约 20cm（图 10-9）。

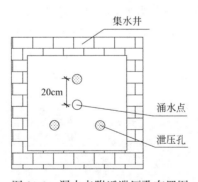

图 10-9　漏水点附近泄压孔布置图

（2）在漏水点内插入灌浆管，灌入化学灌浆材料，灌浆压力为 0.4～0.8MPa，待发现相邻孔冒浆或者水量减小时，维持压力 3～5min 后可停止灌浆。

（3）采用同样的方法对周边其他泄压孔进行灌浆。

（4）灌浆完成后静待一段时间，待灌浆材料完全固化后，可排出集水井内的积水，并仔细检查是否仍然存在漏水点。若灌浆后在其他部位出现漏水点，则采用同样的方法进行处理，直至集水井内无新的漏水点。

3. 浇筑集水井内部分的混凝土

待集水井内所有漏水点均封堵完成后，排出井内积水，即可浇筑集水井部分的混凝土。

10.3.1.4 灌浆材料

本工程选用的化学灌浆材料主要为聚氨酯类和环氧树脂类堵漏化学材料，可参考本书第 3 章有关内容。

10.3.2 基坑侧壁渗漏水灌浆处理

10.3.2.1 工程概况

1. 基坑概况

广州某地块基坑周长约 455m，基坑开挖深度为 13.00～17.20m。基坑侧壁安全等级为一级，基坑侧壁重要性系数为 1.1。原设计方案采用 1200mm 支护桩＋三道锚索支护形式，外围采用 850mm 三轴搅拌桩进行止水。后因锚索施工，造成大量泥砂流失，地面沉降。支护方案调整为 1200mm 支护桩＋三道内支撑支护形式，外围在三轴搅拌桩的基础上增加了高压旋喷桩。

2. 周边环境

基坑地处珠江边，尤其是基坑东南、南侧离珠江边较近，砂层较厚，地下水位较高，在前期施工锚索过程中出现流水、流砂现象，导致地面多次出现下沉、开裂，外围土体受过扰动，存在空腔、空洞的概率极大；砂层下卧的岩层起伏比较大，其对地下水的水文性质改变或影响较大。

3. 基坑施工进度及渗漏情况

坑内土方开挖深度已到 11～12m，局部约 14.5m 且已开挖至第三道内支撑标高，还有约 5.5m 厚土方未开挖。基坑侧壁多处存在渗漏及流砂，目前发现的渗漏点共有 7 处，地面也出现过不同程度的下沉，部分锚索头出现漏水（图 10-10）。

图 10-10 现场基坑施工情况

10.3.2.2　地质概况

1. 工程地质

在勘探孔深度控制范围内，场地地层按地质成因分为第四系填土（Q^{ml}）、冲积土（Q^{al}）及白垩系基岩（K），现自上而下分述如下：

①-1 素填土：棕褐色，主要由黏性土组成，局部含有碎石及建筑垃圾，松散，欠压实。

①-2 冲填土：整体为冲填砂，灰白色，主要成分为石英，分选性好，级配不良，饱和，稍密。

②-1 粉质黏土：黄褐色、红褐色，主要由黏粒组成，含少量粉细砂，干强度中等，刀切面较光滑，饱和，可塑为主。

②-2 中砂：灰白色，主要成分为石英，分选性好，级配不良，饱和，稍密。

②-3 淤泥：深黑色，深灰色，含有机物较多，局部含粉细砂，手捏滑腻，染手，具腐臭味，饱和，软塑。

②-4 粉细砂：灰白色，主要成分为石英，分选性好，级配不良，饱和，稍密。

③-1 全风化泥质粉砂岩：紫红色为主，少量红褐色，泥质粉砂质结构，薄层状构造，坚硬土状，浸水软化。

③-2 强风化泥质粉砂岩：紫红色为主，少量橙黄色，泥质粉砂质结构，薄层状构造，半岩半土状，多夹碎块状中风化岩，岩质软，手可掰断。

③-3 中风化泥质粉砂岩：紫红色为主，少量橙黄色，泥质粉砂质结构，层状构造，岩芯以短柱状、碎块状为主，节理裂隙发育，岩质软，锤击声哑。

③-4 微风化泥质粉砂岩：紫红色，泥质粉砂质结构，层状构造，岩芯较完整，以柱状为主，岩芯采取率为 90%，RQD 为 80%，岩质较软，锤击声稍哑。

2. 水文地质

场地位于珠江三角洲冲积平原区，地下水类型为孔隙潜水，主要赋存于土层孔隙中，浅层地下水主要接受大气降水补给，以蒸发及向下渗流的方式排泄；深层地下水由于上覆相对隔水层，补给、排泄作用微弱，具微承压性。

10.3.2.3　基坑东侧及南侧渗漏处理方案设计

1. 渗漏治理思路

在试验的基础上，结合基坑东侧、南侧特殊的地质环境，基坑东侧、南侧总体采取以下三个措施进行止水渗漏补强（图 10-11）：

（1）坑外采用 $\phi600@400$ 高压旋喷桩形成封闭止水帷幕，针对深厚砂层及动水情况采用膨润土＋水泥浆二喷旋喷桩工艺；

（2）支护桩间锚索两侧采用两根高压旋喷桩进行桩间旋喷止水，采用膨润土＋水泥浆化学浆（水玻璃）二喷双液旋喷桩工艺；

（3）基坑内桩间钢板内采用超前灌浆固结桩间砂层及充填钢板内侧空隙，原位及超前灌浆采用水泥＋化学浆液灌浆工艺。

2. 施工顺序及施工准备

1）施工顺序

施工前准备→坑外二喷旋喷桩→原支护桩间二喷双液旋喷→背水面桩间钢板内灌浆。

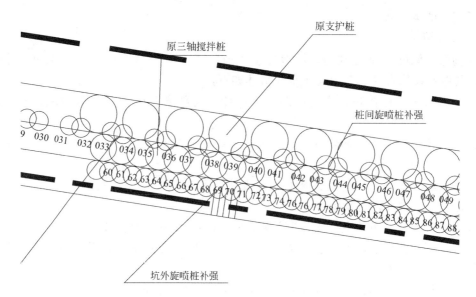

图 10-11 东侧、南侧旋喷桩处理渗漏水方案示意图

2）施工前的准备措施

（1）原支护桩桩间需用钢板封闭，利用膨胀螺栓固定，钢板内需灌注细石混凝土，钢板厚度与现场桩间支护所用钢板一致，钢板的高度从基坑底标高至第二道围檩底标高（图 10-12）。

（2）沿目前基坑开挖面与坑内加固搅拌桩裸露位置，回填砂袋反压，形成封闭围堰，收集旋喷桩反浆液。

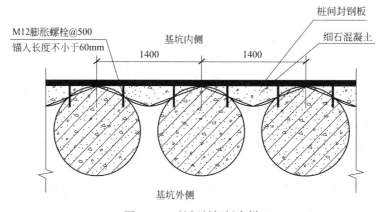

图 10-12 桩间封钢板大样

3. 坑外 $\phi600@400$ 二喷高压旋喷桩设计

1）坑外二喷高压旋喷设计

坑外高压旋喷桩直径 600mm，间距 400mm，桩中心线与原三轴搅拌桩中心线距离 725mm，平面布置详见施工平面布置图（图 10-13）。

2）坑外高压旋喷桩参数设计

（1）第一次施工喷桩：采用泥浆。泥浆用量 350～400kg/m，掺 2% 高效高发膨润土，

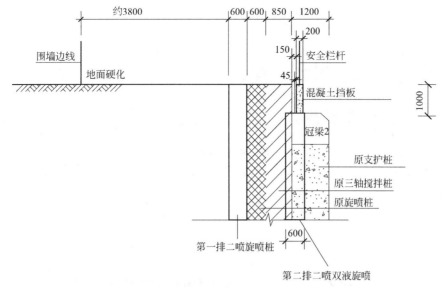

图 10-13 新增旋喷桩与原支护设计位置关系

水玻璃的用量＝泥浆×5‰（水玻璃甲供）。喷浆压力 20～30MPa，提升速度 12～20cm/min，转速控制在 12～20r/min。被改变的土层趋于稳定后，再高压旋喷水泥浆。

（2）第二次施工旋喷：采用 42.5R 普通硅酸盐水泥，水灰比 0.8～1∶1，每米水泥用量 420～450kg，水泥浆压力 20～30MPa，提升速度 12～20cm/min，转速控制在 12～20r/min，配合比为水∶水泥∶水玻璃∶减水剂＝0.8～1∶1∶0.005∶0.005。

（3）旋喷桩实桩桩顶位于地面（基坑顶标高）以下 2.5m，旋喷桩终孔需进入全风化泥质粉砂岩不少于 1.0m。

4. 原桩间二喷双液旋喷桩设计

1）桩间双液旋喷设计

第二排采用二喷双液旋喷，孔径 600mm，沿支护桩间锚索中心线左右各布一根，形成一组，每组间距 1.4m，旋喷桩与支护桩互相之间搭接 200mm，桩中心定位及桩间旋喷桩与原支护桩位置关系详见施工平面布置图（图 10-14）。

2）桩间双液旋喷参数设计

（1）第一次施工喷桩：采用优质膨润土＋水泥，膨润土用量为 50kg/m，水泥用量 150kg/m＋5‰水玻璃。

（2）第二次施工旋喷：二喷双液浆，喷浆压力逐渐加大，稳定压力以不击穿桩间土为原则。

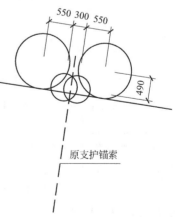

图 10-14 桩间旋喷桩与原支护桩位置关系

（3）旋喷桩实桩桩顶位于第三道内支撑顶标高，旋喷桩终孔需进入全风化泥质粉砂岩不少于 1.0m。

5. 背水面桩间钢板内灌浆

1）背水面桩间灌浆设计

背水面桩间灌浆止水如图 10-15、图 10-16 所示。

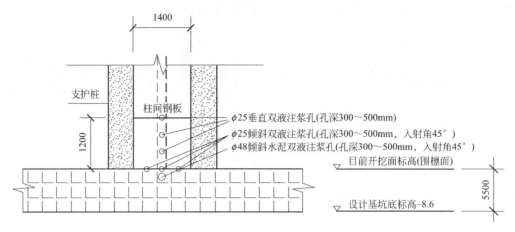

图 10-15　基坑内背水面桩间灌浆处理立面图

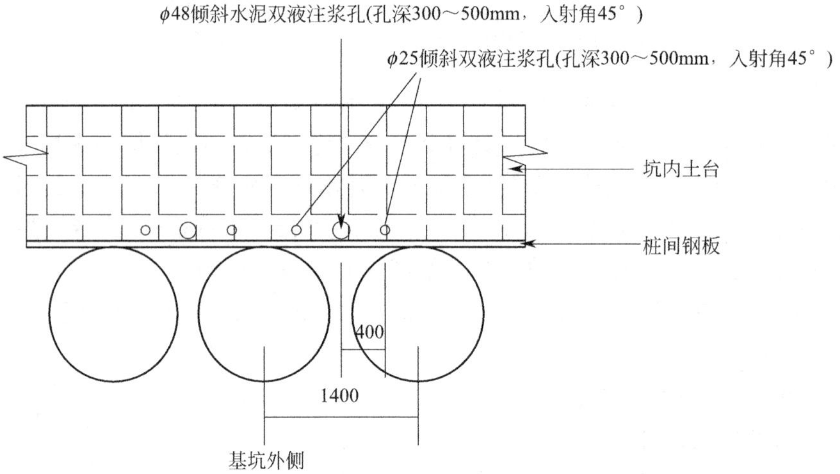

图 10-16　基坑内背水面桩间灌浆处理平面图

2）背水面桩间灌浆参数设计

（1）灌浆孔孔距 0.4m，视现场情况可适当调整；

（2）桩间钢板及桩间钢板与开挖面交界处钻孔，对周边范围进行水泥-水玻璃双液灌浆加固来堵塞漏水通道，并且使砂体固结，从而达到止水的目的；

（3）$\phi48$ 双液灌浆孔共布置 1 个，$\phi25$ 双液灌浆孔共布置 6 个。

10.3.2.4　材料、设备

（1）水泥：采用 42.5R 普通硅酸盐水泥，水灰比 0.8～1.0；

（2）水：用于拌合浆液的水，不得含有油、酸、盐类、有机物及其他对灌浆材料等产生不良影响的物质；

（3）水玻璃：采用模数 3.1～3.4，玻美度大于 40°Be′的水玻璃；

（4）其他材料：泥粉、膨润土及减水剂；

（5）灌浆设备：MDL-150D 型钻机，高压旋喷桩机 GA-20 型，旋喷搅拌桩机 XPJ-10A30 型。

10.3.2.5 施工要点

（1）保证钻孔的垂直度，钻机就位后，必须作水平校正，使钻杆垂直对准钻孔中心位置；

（2）钻孔时可采用泥浆护壁；

（3）每米水泥用量 420～450kg；

（4）该工法主要针对桩间钢板后透水砂层及未开挖的透水层，进行双液复合填充灌浆，达到封堵漏水源的目的，使基坑顺利安全开挖；

（5）为防止灌浆管与孔口的间隙跑浆，应用快凝堵漏剂封口埋管；

（6）按设计要求配浆，灌浆先施工涌漏点，再施工结构外围；视实际情况灌浆顺序也可调整。灌浆压力控制在 0.5MPa 以内为宜。

10.3.2.6 现场施工效果

施工完成后对旋喷桩进行了抽芯检查，共计抽芯 2 孔，结果显示砂层中成桩质量良好，如图 10-17 所示。

图 10-17　旋喷桩抽芯芯样

本工程灌浆施工完成后，基坑开挖至槽底，侧壁无渗漏，截水效果良好，为基坑内"无水"作业创造了必要的条件。

10.4　建筑结构防渗堵漏及加固补强灌浆处理

10.4.1　建筑变形缝渗漏水灌浆处理

10.4.1.1　工程概况

某大型国企综合科研基地大楼位于广州市黄埔区，主体建筑结构部分已经完成，尚未投入使用。建筑设两层地下室，负二层底板面标高最低处结构标高－9.400m，变形缝处板面标高－9.400m；建筑为筏板基础，板厚800mm，建筑平面尺寸约498m×134m，整个建筑于纵向设一道变形缝，位于结构㊸～㊹轴之间，设计缝宽70mm，负二层侧墙变形缝做法同底板变形缝。

结构完成后，由于各种原因负二层底板及侧墙变形缝出现变形，导致底板及侧墙内的止水钢板破裂，原设计防水结构破坏，出现变形缝大量渗漏水。

10.4.1.2 原防水设计及现状

原底板及侧墙变形缝缝宽设计为70mm，原变形缝设计位置位于结构㊸～㊹轴之间。原侧墙变形缝防水设计如图10-18所示，原底板变形缝防水如图10-19所示。

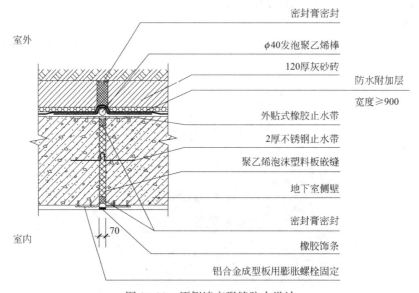

图10-18 原侧墙变形缝防水设计

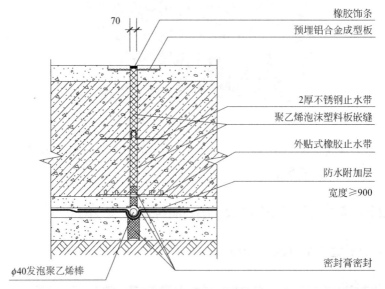

图10-19 原底板变形缝防水设计

侧墙结构施工完成，且按原设计完成防水结构，后因侧墙变形缝发生变形漏水，变形缝宽约 90mm，从缝内可见原设计的"2 厚不锈钢止水带"已经沿变形缝通长断裂，于是将侧墙原设计的"2 厚不锈钢止水带"至室内部分的防水结构凿除，并且从变形缝内灌注聚氨酯防水材料，侧墙变形缝处现状如图 10-20 所示。

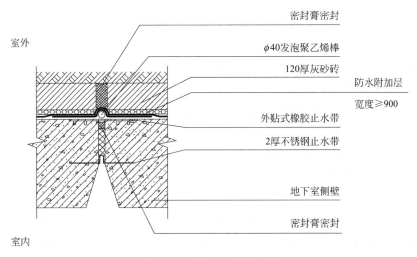

图 10-20 侧墙变形缝处现状

原底板变形缝处，底板施工至结构面标高，出现变形缝变形漏水后，将原设计"2 厚不锈钢止水钢板"以上部分防水结构清除，从缝内可见止水钢板沿变形缝通长断裂。底板变形缝现状如图 10-21 所示。

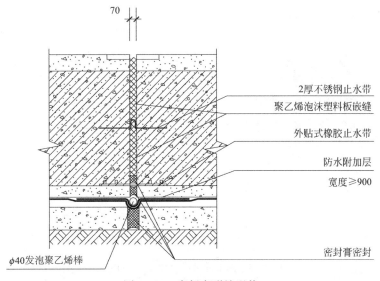

图 10-21 底板变形缝现状

从现场踏勘的情况看，侧墙变形缝经过建设单位采用聚氨酯灌注后，基本没有漏水的现象，底板变形缝在清除原设计部分防水材料后可见缝内大量涌水。根据建设单位要求，对侧墙防水采取补充灌注丙烯酸盐灌浆材料，用以弥补聚氨酯防水材料耐久性差的缺点；

对于底板变形缝采用化学灌浆法进行灌浆堵漏。

10.4.1.3 灌浆堵漏设计

1. 对侧墙变形缝

(1) 侧墙灌入丙烯酸盐灌浆材料，主要用以弥补聚氨酯防水材料耐久性不足的缺点；

(2) 快凝水泥，用于灌浆过程中临时性封闭缝隙。

2. 对底板变形缝

(1) 灌入丙烯酸盐灌浆材料，用以堵水及防水；

(2) 施作水性非固化橡胶沥青防水材料；

(3) 增加水性非固化橡胶沥青麻绳及泡沫板；

(4) 表面采用聚氨酯嵌缝胶，共同形成一道防水措施；

(5) 钢边止水带，用以保护 (1)、(2)、(3) 的防水材料，并防止水头压力导致 (1)、(2) 的防水材料出现较大的上拱变形。

10.4.1.4 灌浆堵漏施工

1. 对侧墙变形缝灌浆施工

(1) 采用高压水清洗侧壁外表面的污渍，并采用快凝水泥封闭变形缝及周边的缝隙。

(2) 在变形缝内钻直径 10mm 灌浆孔，间距 500mm，分为Ⅰ序孔及Ⅱ序孔，Ⅰ序孔与Ⅱ序孔均匀布置，相邻两孔间距 250mm。其中Ⅰ序孔灌浆管管端位于原防水保护层灰砂砖与原基坑回填土交界面处；Ⅱ序孔灌浆管管端位于灰砂砖与地下室结构侧墙外表面交界处。施工时，应先钻Ⅰ序孔，待Ⅰ序孔灌浆完成，丙烯酸盐灌浆材料凝固后，再进行Ⅱ序孔的钻孔及灌浆（图 10-22～图 10-24）。

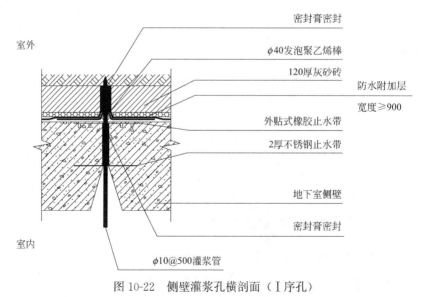

图 10-22　侧壁灌浆孔横剖面（Ⅰ序孔）

(3) 完成Ⅰ序孔及Ⅱ序孔灌浆后即封闭灌浆管，施工完成。

2. 对底板变形缝灌浆施工（图 10-25）

(1) 采用钢刷及高压水清洗变形缝内侧混凝土表面及变形缝两侧各 150mm 范围的板面，直至露出清洁干净的混凝土面，应确保混凝土表面的污渍、泡沫等垃圾全部清洗干

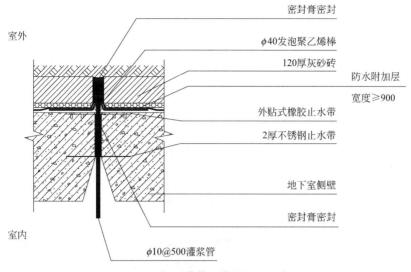

图 10-23　侧壁灌浆孔横剖面（Ⅱ序孔）

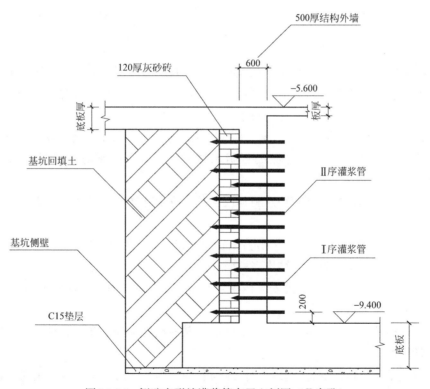

图 10-24　侧壁变形缝灌浆管布置立剖图（Ⅱ序孔）

净。在原钢板上部灌入 150mm 厚快凝水泥，用以封闭变形缝。

（2）钻Ⅰ序灌浆孔，Ⅰ序孔直径 10mm，孔距 500mm，Ⅰ序孔灌浆管的管端位于垫层底与碎石层交界面。Ⅰ序孔全部埋设完成后即分段灌入丙烯酸盐灌浆材料。

（3）钻Ⅱ序灌浆孔，Ⅱ序孔直径 10mm，孔距 500mm，Ⅱ序孔灌浆管的管端位于垫层内原防水设计的防水附加层内，Ⅱ序孔全部埋设完成后分段灌入丙烯酸盐灌浆材料。

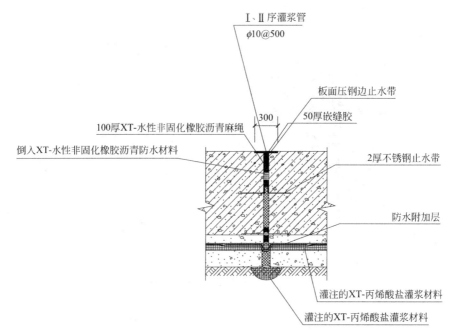

图 10-25 底板变形缝灌浆做法示意图

（4）灌浆完成后，建议建设单位在此状态持续观察一个月，并同时监测变形缝的变形和漏水情况。若仍然出现大量漏水，可对漏水部位有针对性地进行补灌；若变形趋于稳定且渗水量很小，可对渗水点补灌后进行下一步施工操作。

（5）再次清理快凝水泥表面上部、变形缝内部的污渍，确保混凝土表面的清洁后，在变形缝内直接倒入水性非固化橡胶沥青防水材料，注入量达到防水材料的高度不小于50mm 即可。

（6）待水性非固化橡胶沥青防水材料凝固后，在其上方填入 100mm 厚水性非固化橡胶沥青麻绳。

（7）在麻绳上部填入 50mm 厚的泡沫背衬做隔断后，在变形缝内注入聚氨酯嵌缝胶，注入厚度约 50mm，其上表面与结构底板面平行。

（8）在结构板面－9.400m 处安装钢边止水带，用以保护其下的防水材料。

3. 灌浆施工要点

（1）所选用的丙烯酸盐灌浆材料及嵌缝胶，其材料性能应具备高弹性，与混凝土面具有极佳的粘结性能。

（2）所选用的水性非固化橡胶沥青防水材料应与混凝土界面具有优异的粘结能力，且具有优异的延伸能力和长期不固化的形态。

（3）建议选用的材料性能能够满足防水要求。

（4）灌浆压力控制在 0.2～0.6MPa，Ⅰ序孔灌浆时取低压力值，Ⅱ序孔灌浆时取高压力值。

（5）丙烯酸盐灌浆材料固化时间可调，Ⅰ序孔灌浆时其材料固化时间控制在 30s～2min，Ⅱ序孔灌浆时其材料的固化时间可调为慢速固化。准确的固化时间可在试灌时确定。

（6）灌浆量根据能够充填的地板下空隙的体积确定，根据原防水结构内存在的空隙及需要封堵的碎石层内的范围初步确定，但仅作为控制灌浆量的参考，实际的材料用量应以实际灌注的量为准。

10.4.2　混凝土梁、板结构加固补强灌浆处理

10.4.2.1　工程概况

广州某小区居民住宅大楼建成使用至今已经约 20 年，设一层地下室。地下室部分区域梁板混凝土结构出现裂缝、保护层脱落、露筋、钢筋锈蚀等现象。为保证结构耐久性和使用安全，需要对地下室的梁、板裂缝及露筋进行修复处理。

10.4.2.2　修复方案

1. 整体方案

根据现场踏勘结果，对梁、板裂缝进行化学灌浆修复，对保护层脱落、露筋的修复处理主要采取钢筋除锈、粘贴碳纤维补强、表面修复的方法，对于内力较大的构件（主要为梁），同时在梁侧粘贴 U 形碳纤维。

2. 修复步骤

具体修复步骤如图 10-26～图 10-30 所示。

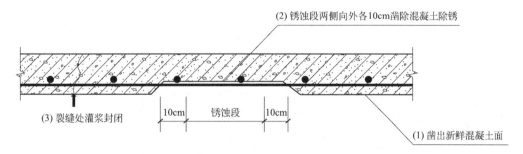

图 10-26　凿除、除锈剂灌浆示意图

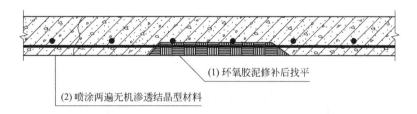

图 10-27　修补找平及喷涂渗透结晶型材料示意图

（1）梁底、板底原饰面层凿除、打磨，直至露出新鲜的混凝土面（需要拆除管线等设施时，由管理部门进行协调）。

（2）在已经锈蚀的钢筋部位，将锈蚀部分的钢筋凿出并除锈。

（3）采用高渗透环氧树脂，对结构裂缝进行灌浆封闭处理。

（4）采用环氧胶泥修补锈蚀钢筋部位，并找平结构面。

（5）在结构面喷涂两遍 DPS 无机渗透结晶型材料。

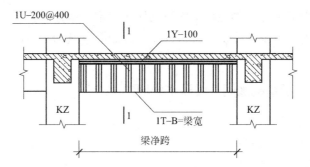

图 10-28 梁粘贴碳纤维布示意图（只粘贴梁底时取消图中压条及 U 形箍）

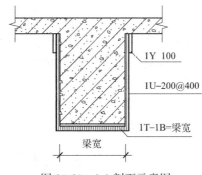

图 10-29 1-1 剖面示意图

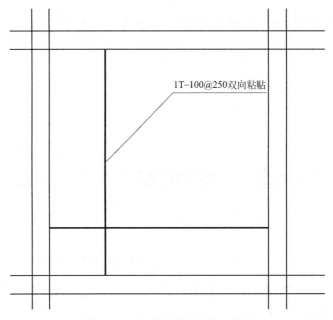

图 10-30 板底粘贴碳纤维示意图

（6）粘贴碳纤维布补强（对于高低跨、分期界面处的梁，以及梁侧箍筋露筋严重的梁，同时增加 U 形碳纤维）。

（7）重新恢复饰面层。

10.4.2.3　施工工艺及材料性能

1. 灌浆封闭裂缝

1) 材料选取

高渗透环氧树脂防水防腐材料是以高渗透环氧树脂裂缝修复材料技术为基础研制的一种改性环氧防水防腐涂料。它具有优异的渗透性能，能沿着水泥水化时产生的毛细通道渗入混凝土内，并固化形成三维网络结构，封堵混凝土毛细孔道，形成混凝土结构深层永久防水防腐层，并对混凝土具有补强作用，从而能够避免一般防水防腐材料与基底产生明显的界面缺陷。

2) 施工要点

(1) 采用手持冲击钻根据针头的尺寸钻不小于 5cm 深度的孔，钻孔间距为 20～30cm，沿裂缝两侧间隔布置，视裂缝的宽度而定，若裂缝较明显钻孔间距应加大，若裂缝较小则钻孔间距减小，孔位应布置在裂缝的两侧约 6～10cm，且倾斜一定的角度钻斜孔。

(2) 灌浆时应由下至上，从裂缝一端至另一端，逐步封闭，直到整个裂缝灌浆完毕，以保证浆液充满裂缝；因裂缝无法进行表面封闭，故灌浆压力不得大于 0.2MPa，应由小至大逐渐增加，不宜骤然加压，压力控制小于 0.2MPa。

2. 粘贴碳纤维布

1) 混凝土表面处理

(1) 清除干净加固混凝土表面的剥落、疏松、蜂窝、腐蚀、残缺、破损等劣迹部分，以达到结构密实，并进行适当的修补。

(2) 被粘贴混凝土表面应打磨平整，除去表层浮浆、油污等，直至完全露出混凝土新面。对于有外露钢筋应剔除，有钢筋处应进行除锈处理。

(3) 应将混凝土表面凸出部分用磨光机打磨平整，修复后的平整度达到 5mm/m；转角粘贴处应进行导角处理，并打磨成圆弧状。

(4) 对上述处理过的混凝土表面进行清洗，并使其充分干燥。

2) 找平处理

(1) 按规定比例和设计要求配制找平材料。

(2) 应对混凝土表面凹陷部位、内角（段差、起拱等）用找平材料填补平整，使之平顺，不得有棱角。

(3) 若经找平处理后的混凝土构件表面存在凹凸粗纹，应再用砂纸打磨平整。

(4) 找平材料表面指触干燥后立即进行下一工序施工。

3) 粘贴碳纤维布

(1) 确认粘贴表面干燥后，才能进行粘贴碳纤维布工序施工。

(2) 严禁碳纤维布弯折受损。贴片前应用钢直尺与壁纸刀按设计规定尺寸裁剪碳纤维布，每段长度一般以不超过 6m 为宜，裁剪数量应以一个班次的用量为准。本次工程使用碳纤维布的规格为 $300g/m^2$，厚度为 0.167mm。

(3) 将浸渍树脂的主剂和固化剂按产品供应商提供的工艺规定比例和设计要求进行准确称量、混合配制，并用搅拌器充分搅拌均匀。一次调和量应根据实际施工情况以在规定使用时间内用完为准。

（4）贴片前用干净、干燥的滚筒将浸渍树脂均匀地涂刷于混凝土构件表面。

（5）均匀涂刷完浸渍树脂后，立即粘贴一层碳纤维布；在粘贴碳纤维布的同时，用专用工具（特制的滚筒）沿碳纤维方向在碳纤维布上滚压多次，尽量使碳纤维布与浸渍树脂之间没有残留空气，挤出气泡，杜绝粘贴的碳纤维布中有气泡发生，避免出现空鼓，并使浸渍树脂充分浸透到碳纤维布中。滚压时不得损伤碳纤维布。

（6）碳纤维布实际粘贴尺寸不小于设计量，粘贴位置偏差不应大于10mm，碳纤维布粘贴纵向接头必须搭接10cm以上（本工程按15cm搭接长度计），该部位应多涂浸渍树脂，横向不需要搭接。

（7）碳纤维布粘贴30min后，用滚筒将浸渍树脂涂刷于碳纤维布上。

4）保护层施工

碳纤维布粘贴完成且固化后，在其表面批环氧砂浆保护层并找平，保护层厚度不小于2mm。

10.4.3 混凝土柱结构加固补强灌浆处理

10.4.3.1 工程概况

广东佛山某小区大楼主楼已封顶，设二层地下室。2020年3月发现地下室中庭区域部分柱、墙及柱帽等出现裂缝，经初步分析系地下水浮力引起的结构内力变化导致，随后在底板开孔泄压。2020年4月至6月，由第三方监测单位对结构进行持续监测，地下室底板开孔泄压后，结构变形稳定，结构裂缝未有变化。考虑到结构安全及耐久性，对已经出现裂缝的结构构件进行修复及加固，恢复原结构构件的承载力并保证裂缝开展区域的耐久性。经裂缝修复和加固后，修复部位使用期限同原结构设计使用年限。

10.4.3.2 加固方法

根据第三方监测单位的监测结果，结构变形稳定，已经出现的裂缝未再继续开展，本加固设计以修复柱结构裂缝为主，采用化学灌浆法对柱结构裂缝进行加固补强，且所采用的修复材料的力学性能不低于原结构混凝土设计要求。

（1）柱身出现的裂缝，采用化学灌浆法修复裂缝。对大于0.3mm的裂缝，尚需外包碳纤维布加固，提高柱在破坏区域的受剪及受压承载力。部分柱裂缝出现在柱顶与柱帽交接面处，采用四周加角钢加强连接（图10-31、图10-32）。

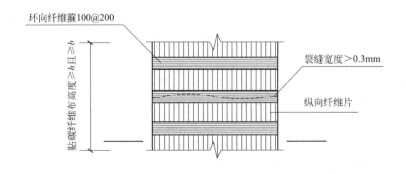

图10-31　柱包碳纤维布加固

（2）剪力墙、柱帽及板出现裂缝的，先采用化学灌浆法修复裂缝，再采用粘贴钢板法加固。柱帽及板粘钢加固仅在板底进行。粘钢加固主要提高构件的受剪或受冲切承载力（图 10-33）。

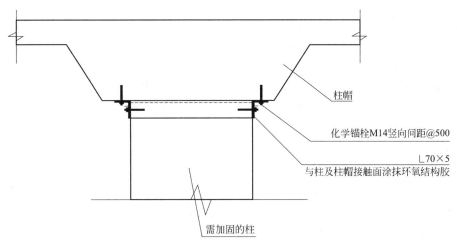

图 10-32　柱顶四周加角钢加固处理大样图

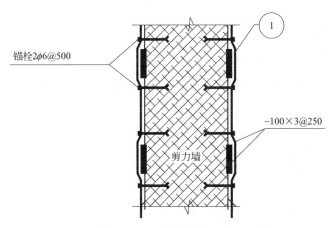

图 10-33　剪力墙粘钢加固

（3）清除结构饰面层后，若发现混凝土破碎、酥松，应凿除已经破碎的混凝土，灌浆修复裂缝后，采用环氧砂浆修补至原设计尺寸，最后再进行粘贴钢板或碳纤维布加固。

（4）裂缝修复及加固完成后，按原建筑设计要求恢复结构饰面层。

10.4.3.3　加固材料

（1）钢材及焊条：Q235B 钢，E43 型焊条，并符合现行标准要求。

（2）碳纤维布：$200g/m^2$（计算厚度 0.11mm）。

（3）植筋粘结剂：A 级专业植筋胶。

（4）钢板粘结胶：A 级专业胶粘剂。

（5）混凝土裂缝封闭及化学灌浆采用改性环氧树脂浆液，主要性能指标可参考本书第 3 章相关内容。

10.4.3.4　施工工艺要求

1. 裂缝灌浆处理施工工艺

（1）凿除饰面层，将裂缝凿成 V 形口，将裂缝两侧表面的浮尘、残屑及污染物彻底清理干净。

（2）埋设灌浆管：沿裂缝每隔 30～40cm 设置一根灌浆管，同时用环氧胶泥封闭裂缝。

（3）压力灌浆：待封缝胶泥固化达到一定强度后（约 1d），可对裂缝进行压力灌浆，通过预埋的灌浆管灌注改性环氧树脂浆液；当相邻的灌浆管溢浆时即可封闭该灌浆管后逐次灌注，灌浆压力一般为 0.2～0.5MPa（可根据实际状况调节）。

（4）铲除灌浆嘴：当环氧浆液固化后（1d），将外露的灌浆管切除，再按原建筑要求恢复饰面层。

2. 粘贴碳纤维布加固

1）施工步骤

混凝土基层处理—底层树脂配制并涂刷—找平材料配制并对不平整处修复处理—浸渍树脂或粘贴树脂配制并涂刷—粘贴碳纤维布—表面防护。

2）表面处理

（1）清除被加固构件表面剥落、疏松、蜂窝、腐蚀等劣质混凝土，露出混凝土坚实结构层，并用修复材料将表面修复平整。

（2）如有裂缝，应先对裂缝进行灌浆或封闭处理。

（3）被粘贴混凝土表面应打磨平整，除去表层浮浆、油污等杂质，直至完全露出结构坚实面。转角粘贴处应打磨成圆弧状，圆弧半径不小于 20mm。

（4）钢丝刷打毛混凝土基层使其在表面暴露出许多细微的孔洞，再将混凝土表面清理干净并保持干燥。

（5）清除混凝土表面浮灰。

3）涂刷底层树脂

（1）按比例将主剂与固化剂先后置于容器中，用搅拌器搅拌均匀，根据气温调整配用量，并严格控制使用时间。

（2）砖用滚筒或毛刷将底层树脂胶粘剂均匀涂抹于混凝土表面，厚度不超过 0.4，并不得有漏刷或有流淌、气泡。

4）粘贴碳纤维布

（1）按设计要求尺寸裁剪碳纤维布。

（2）配制浸渍树脂胶粘剂并均匀涂抹于所要粘贴的部位。

（3）专用的滚筒沿纤维同一方向反复多次滚压，挤出气泡，并使浸渍树脂胶粘剂充分浸透碳纤维布，滚压时不应损伤碳纤维布。

（4）多层粘贴时，应重复上述步骤，并应在碳纤维布表面的浸渍树脂指触干燥后尽快进行下一层粘贴。

（5）应在最后一层碳纤维布的表面均匀涂抹浸渍树脂胶粘剂后，在表面撒些干砂，以利于保护层粘结。

（6）沿碳纤维布受力方向的搭接长度不应小于 100mm，当采用多条或多层碳纤维布加固时，各条或各层的搭接位置宜互相错开。

5）表面防护

表面防护要求粉刷 20mm 厚的 1∶2.5 水泥砂浆保护层。

6）其他注意事项

粘贴碳纤维布施工宜在环境温度为 5℃ 以上的条件下进行，并应符合配套树脂要求的施工使用温度。

碳纤维布是导电材料，施工中应避开电源，以防止发生安全事故。

3. 粘贴钢板加固法

1）施工工艺

表面处理—放线定位—钢材下料—配胶—粘贴钢板—固定及加压—固化养护—检测—防护。

2）施工要求

（1）表面处理：凿除原结构表面粉刷层及疏松层，直至完全露出坚实的基层为止。用角磨机打磨除去钢材表面的锈蚀及污物，露出金属光泽，粘贴前用棉纱擦抹干净，打磨后钢板表面应有一定的粗糙度。

（2）放线定位：按加固设计部位放线定位，准确地在混凝土表面画出粘贴部位轮廓线及定出螺栓位置。

（3）钢材下料：根据现场实际尺寸对角钢及钢板进行下料，经质检员复检合格后才允许使用。下料前钢材应进行矫正，矫正后的偏差不超过规范的允许偏差值，以保证加工质量。

（4）配胶：粘钢用胶粘剂采用改性的环氧树脂结构胶。结构胶按产品说明书规定的配合比分别用容器称出（按一次应用量），然后放在一起搅拌，直到胶干稀均匀、色调一致为止。搅拌好的结构胶一定要固化前用完，已经固化的结构胶不得再用于施工。

（5）粘贴钢板：结构胶粘剂配制好后，用抹刀将胶同时均匀涂抹在钢板和混凝土构件表面，涂抹的胶层厚度在 1～3mm 左右，中间厚边缘薄，然后将钢板贴于预定位置。

（6）固定及加压：钢板粘贴后，立即用螺栓固定（螺栓的埋设空洞应与钢板同时于涂胶前配钻），并适当加压，以使胶层充分接触混凝土-钢板表面。沿粘贴面手锤轻敲钢板，基本上无空洞、空鼓现象，胶液从钢板两侧边缝挤出少许时，表示已粘贴密实，可以完成粘贴钢板工序，否则应剥下钢板，补胶后重新粘贴。

（7）固化养护：结构胶在常温下可自然固化，在 20℃ 以上时，24h 即可拆除卡具和支撑，72h 后即可承受设计使用荷载，固化期中不得对钢板有任何扰动。

（8）防护：粘贴在混凝土构件表面的钢板应进行防腐防火处理。首先对钢件表面进行打磨，除去钢材表面的锈蚀、污物等，使钢件表面无可见的油脂、污垢、氧化皮、铁锈等附着物，然后在表面抹不小于 25mm 厚的水泥砂浆保护层（应加入防裂钢丝网），并采取相应措施避免保护层空鼓。

10.5 建筑物抢险加固灌浆工程

10.5.1 工程概况

某单位宿舍楼受相邻基坑塌方影响，宿舍楼北侧土体出现塌方流失，东北角①×Ⓐ基础出现滑脱悬空（图 10-34），并导致底层柱与相连的梁及墙体等部位出现了严重的裂缝。经过有关部门采取紧急抢险措施，该楼房进一步破坏的险情得到了初步控制，为确保楼房安全，需对该楼抢险护坡浇注混凝土，并对房屋的地基基础进行灌浆加固，对柱、梁及墙体出现的裂缝进行补强处理，以及采用微型钢管桩对桩基础进行加固。

图 10-34　某住宅楼因基坑坍塌致使基础悬空

10.5.2　加固设计要求

（1）抢险护坡混凝土面下松散软弱土灌浆加固。

（2）①×Ⓐ轴柱补强。

（3）对原承台与现浇混凝土脱空部位灌注速凝水泥浆。

（4）钢管桩补强。

（5）对受损开裂及有裂缝的房屋结构采用化学灌浆方法进行修复补强。

10.5.3　松散软弱土灌浆施工过程及措施

1. 灌浆孔布置

本次共布置灌浆孔 43 个，分三排，第一排和第二排灌浆孔间距 5m，第三排灌浆孔间距 3m。第一排和第二排排距 2.5m，第二排和第三排排距 3.0m，后根据现场实际情况，在第一排和第二排之间增设 8 个灌浆孔（图 10-35）。

2. 灌浆孔施工步骤

1）灌浆孔定位

按图纸的设计要求，进行灌浆孔的放线定位。

2）钻孔

由于护坡表面浇捣了 1.5～4m 厚的抢险混凝土，因而需用金刚石钻头进行钻孔（开孔直径为 91mm），钻穿混凝土面后，其下土层采用 ϕ75 的合金钻头钻至预定位置。

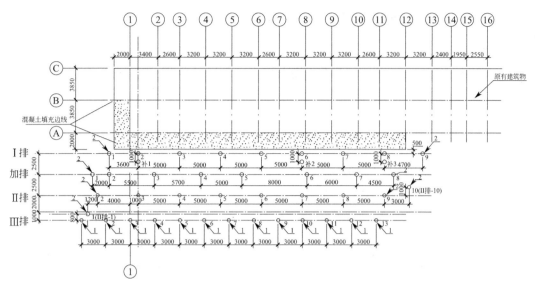

图 10-35　宿舍楼北侧护坡灌浆孔布置

3）置放灌浆管

当钻孔完成后，根据钻孔资料的地质情况，置放注浆管，其中外管采用 $\phi 48 \times 3.5$ 钢管，钢管在混凝土以下设置 $\phi 10@500$ 梅花孔作为灌浆时出浆孔；内管采用镀锌钢管作为化学浆的输送管，灌浆管口采用双液双循环装置。

4）灌浆

将配制好的水泥浆和化学浆通过双液双系统进行灌浆，灌浆施工过程中，严格按照设计要求的灌浆顺序，先对塌方坡面外侧（1 号和 2 号灌浆孔）土体进行加固封闭，减少中间孔灌浆时的浆液流失，并有助于提高其余孔位的灌浆效果。1 号孔灌浆时采取跳孔间隔灌浆的方式进行；对 1 号和 2 号灌浆孔灌浆后，再对其余孔进行灌浆处理。采用单孔少量多次的灌浆方法，以达到更好的加固效果。

灌浆压力为 0.5～1.0MPa，各孔灌浆压力根据现场实际情况进行控制。

5）灌浆结束标准

（1）1 号与 2 号灌浆孔可在 0.5～0.6MPa 灌浆压力下稳压 5min 后终止灌浆

（2）1 号宿舍楼下的 I 排斜孔灌浆压力在严格监测条件下对终灌标准进行调整，灌浆压力不大于 0.6MPa；

（3）其他孔位在 0.8～1.0MPa 灌浆压力时稳压 5min 即终止灌浆；

（4）灌浆施工过程中严密监控周边环境的细小变化，当发现地面出现漏浆、孔位串浆等情况时即终止灌浆。

3. 灌浆材料

（1）水泥：采用 32.5R 普通硅酸盐水泥。

（2）化学浆材：根据设计院提出的浆液固化时间要求，选择水玻璃并添加起促进作用的化学浆液进行灌浆浆液配制。

（3）水泥浆水灰比为 0.7，其中化学浆用量占双液灌浆量中水泥用量的 14%～17%。

137

10.5.4 柱、梁、墙裂缝及承台脱空灌浆补强

1. 裂缝调查

①×Ⓐ轴柱裂缝有 4 条，梁裂缝 3 条，柱墙之间 2 条裂缝（图 10-36～图 10-38）。

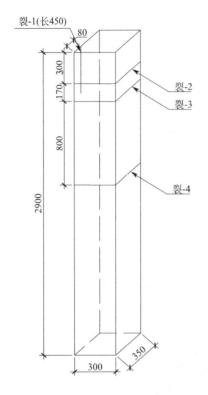

图 10-36　①×Ⓐ轴柱裂缝示意图

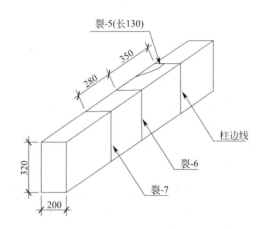

图 10-37　梁裂缝示意图

2. 裂缝补强施工要点

1）柱、梁混凝土裂缝补强处理

（1）裂缝清理：将裂缝两侧约 100mm 的批荡层铲除，用钢丝刷等工具将表面松散层浮渣及灰尘等杂物清理干净。

（2）埋设灌浆盒：针对裂缝的大小、走向在一定位置贴上灌浆盒，间距为 5～10cm；尤其注意在裂缝交叉处、较密处端部以及裂缝贯穿处埋设灌浆盒。

（3）封缝：先沿缝两侧约 50mm 涂刷一层改性基液打底，然后用调配好的改性化学胶泥将整条缝封闭，注意避免出现气泡，封缝是灌浆成功的关键，裂缝封闭工序应细心。

（4）配制浆液；按有关规定及要求配制浆液，配浆量多少及性能要视裂缝实际情况而定。

（5）灌浆：待封闭的胶泥固化，并有一定强度后，根据裂缝内部的形状特征，从裂缝一端至另一端循序渐进的原则，用灌浆泵通过安装好的管路系统，从灌浆嘴将配制好的浆液注入裂缝，压力控制在 0.2～0.3MPa，密切观测进浆的速度和进浆量，直至整条裂缝都充满浆液，恒压 3～5min 为止，然后封闭灌浆嘴头。

2）柱与墙之间裂缝及墙体裂缝补强处理

（1）裂缝清理：将裂缝两侧约 100mm 的批荡层铲除，用钢丝刷等工具将表面松散层浮渣及灰尘等杂物清理干净。

（2）埋设灌浆嘴：针对裂缝的走向在一定位置埋设灌浆嘴，间距为 40～60cm；尤其注意在裂缝交叉处、较密处端部以及裂缝贯穿处埋设灌浆嘴。

（3）封缝：先用钢丝刷带水将裂缝两侧清理干净，然后用调配好的早强水泥化学胶泥将整条缝封闭，注意胶泥与柱、墙混凝土的粘结效果。

（4）配制浆液：浆液水灰比为 0.45～0.6，并掺加适量的减水剂，提高浆液流动性与可灌性。

（5）灌浆：待封闭的胶泥固化，并有一定强度后，根据裂缝内部的形状特征，从裂缝下端至上端循序渐进的原则，用灌浆泵通过安装好的管路系统，从灌浆嘴将配制好的浆液注入裂缝，压力控制在 0.15～0.2MPa，密切观测进浆的速度和进浆量，直至整条裂缝都充满浆液，恒压 5min 为止，由于水泥固化后具有微量收缩，因而在灌浆施工后应进行补浆，然后封闭灌浆嘴。

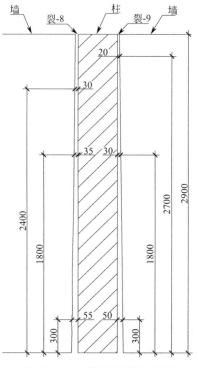

图 10-38　柱墙之间裂缝示意图

3. 新浇捣混凝土与旧承台间空隙灌浆

（1）预埋灌浆嘴：在浇捣抢险护坡新混凝土时，沿原承台周边埋设布置两个以上灌浆嘴，并注意灌浆嘴口不要被新浇混凝土堵塞。

（2）配制浆液：浆液水灰比为 0.45～0.6，并掺加适量的减水剂，提高浆液流动性与可灌性。

（3）灌浆：在新浇混凝土固化至一定强度后（3d 以后），用灌浆泵通过安装好的管路系统，从灌浆嘴将配制好的浆液注入新浇捣混凝土与旧承台之间的空隙中，压力控制在 0.15～0.2MPa，密切观测进浆速度和进浆量，直至新浇捣混凝土与旧承台间的空隙都充满浆液为止，由于水泥固化后具有微量收缩，因而在灌浆施工后应进行补浆，然后封闭灌浆嘴头。

4. 灌浆材料

（1）根据本工程中柱与梁混凝土结构裂缝发育特征及补强要求，对柱与梁的裂缝，采用改性环氧树脂灌浆材料。

（2）对于柱与墙之间裂缝、墙体裂缝及新浇捣混凝土与旧承台之间的空隙，采用高强度等级 52.5R 普通硅酸盐水泥作为加固灌浆材料。

灌浆材料性能指标可参考本书第 3 章相关内容。

10.5.5　钢管桩施工过程及措施

由于基坑塌方的影响，宿舍桩基础出现了断桩和缺桩，设计采用微型钢管桩对桩基础进行加固补强。

1. 钢管桩施工要点

1) 钻孔施工

根据"桩基础加固平面"布好孔位，将钻机平衡牢固安放在预定孔位，钻机垂直偏斜度不超过 1%。钢管桩采用 $\phi140\times4$ 钢管，钻孔直径为 $\phi168$（所有钻孔均进入中风化泥岩 5m 或以上）。

2) 下置钢管和灌浆管

当钻孔完成后，立即下放钢管，除①轴三桩承台外，由于楼梯外伸平台原因，钢管采用分节下管，下放一段后，再将上段与下两段采用内衬钢管进行搭接，内衬钢管与上下两段各焊接 150mm，钢管间采用对焊连接，直至下至孔底。在钢管管壁设置 $\phi10@1000$ 梅花孔作为灌浆出浆孔；灌浆管采用 $\phi25$ 的钢管，下放时要对准孔位，吊直扶稳，避免碰撞孔壁。

3) 洗孔

将清水通过灌浆管注入孔内，清洗孔内及钢管内的泥浆，要求把泥浆清洗干净。

4) 填灌骨料

填灌前将石子骨料清洗干净，并保持一定的湿度，分批少量多次缓慢投入填料漏斗内，轻摇钢管使其下沉和密实，并在填灌过程中注入水清洗干净。

5) 灌浆

(1) 浆液配制：水泥浆水灰比为 0.5∶1，按设计要求和现场施工情况进行配制，搅拌均匀，随搅随用，并在初凝前用完。

(2) 灌浆：将配制好的水泥浆液通过管道灌入孔内，灌浆压力为 0.5MPa；同时边灌边振，如桩顶石子有沉落，则应填入一定量石子至桩顶，密切观测进浆速度和进浆量，直至浆液充满整条钢管，至浆液泛出孔口，边灌边拔管，稳压 5～10min，方可结束。

6) 清理

钢管桩灌注水泥浆结束后，将管顶预留坑底的泥浆及浆液清理干净。

7) 植入钢筋

植筋施工严格按设计图纸施工，每根钢管桩四周均植 $\phi16@200$ 钢筋。

用 $\phi22$ 电钻在钢管桩顶两侧对称钻孔，间距为 200mm；用软毛刷和吹风机将钻孔内灰尘清除干净；清孔干净后注入结构胶；将弯曲成形的 $\phi16$ 钢筋两端分别植入钢管桩两侧对称的钻孔内，钢筋两端锚入预定深度 $20d$（32mm）。

8) 绑扎钢筋

将沿与承台平行方向对称的两根植入钢筋用 $\phi16$ 钢筋焊接连接，焊接搭接长度为 $10d$，并按设计要求再配置钢筋，将钢筋绑扎，作为新承台的配筋，保证加固后，原承台、钢管桩及新浇筑承台作为基础整体受力，达到预期加固效果（图 10-39）。

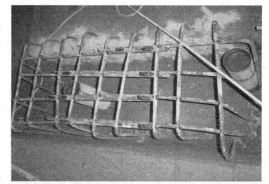

图 10-39　钢管桩桩顶承台植筋及绑扎钢筋

9）新承台浇注混凝土

将钢管桩顶预留坑侧原承台边用电钻做斜向凿毛处理，然后浇注新混凝土形成新承台，混凝土采用 C30 商品混凝土。

2. 完成的工作量

共完成 $\phi140 \times 4$ 钢管桩 15 根，共计 184.05m；植 $\phi16$ 钢筋 240 条；浇注混凝土 10.96m³。

10.5.6 加固效果

经采取上述加固补强措施后，即使周边有其他工程的施工和振动，该栋居民建筑经鉴定完全达到了安全使用标准，经过重新装饰后，该居民楼使用至今。

10.6 化学灌浆联合预应力锚杆静压桩在高层建筑基础加固工程中的应用

化学灌浆联合预应力锚杆静压桩技术是将灌浆技术与锚杆静压桩技术结合，发挥各自的优点，达到对高层建筑地基基础进行加固及纠偏的目的。

先用灌浆对地基土体进行有效充填、渗透和挤密，在地基土孔隙中产生的超孔隙压力和化学复合灌浆材料的膨胀性，使地基沉降减小或不再产生沉降，在足够的灌浆量和灌浆压力下对高层建筑物进行顶升，为了避免浆液在固结产生强度之前地基土中超孔隙压力消散释放导致建筑物再次下沉，在锚杆静压桩顶与原建筑物基础之间采用预应力装置相连接，当建筑物在化学灌浆作用下抬升后，立即在桩顶处施加预应力，把灌浆加固和顶升的成果锁定，重复上述灌浆和锚杆静压桩施加预应力的施工步骤，逐步达到高层建筑地基基础加固与纠偏的目的。

10.6.1 工程概况

某地生态新城开发有别墅区，低层、多层和高层住宅以及配套的幼儿园、学校等建筑，是当地的重点工程，分多期建设。高层建筑共有 36 栋，层高 33 层，设一层地下室，主体结构为剪力墙结构。

高层建筑的基础形式为桩-筏基础。桩采用 PHC-600（130）AB 型管桩，桩长约 41～43m，单桩承载力特征值 2700kN，采用锤击式沉桩工艺，以定桩长为收桩标准，桩端持力层为第⑤层黏土层。筏板采用厚 1200mm 的钢筋混凝土板，混凝土强度为 C35，双层双向配筋 $\phi20@160$ 至筏板边。

2018 年 8 月主体结构施工完成后不到一个月，部分高层建筑基础沉降开始出现异常，平均沉降速率 0.1mm/d，最大速率达到 0.18mm/d，最大沉降量达 150mm，建筑物出现轻微的倾斜，最大倾斜度 2.34‰。沉降速率、沉降量及倾斜度均超过规范控制值，如图 10-40～图 10-44 所示。

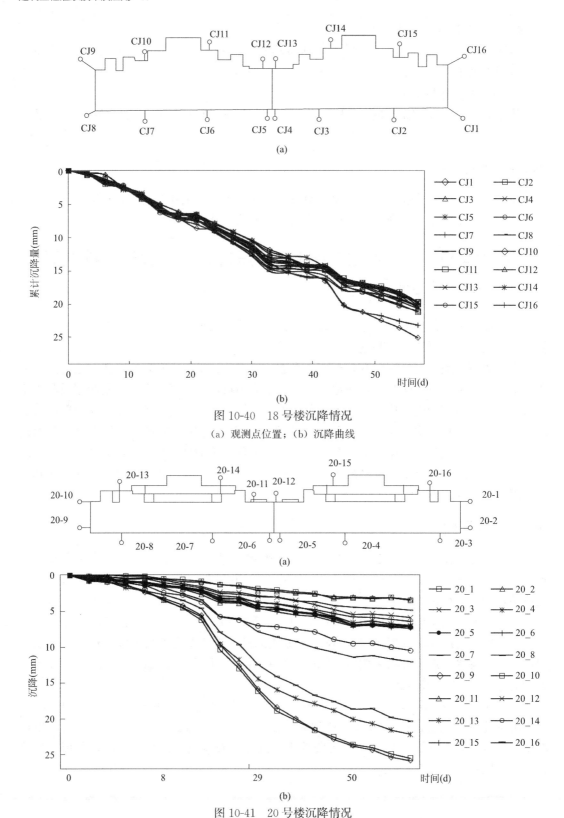

图 10-40 18 号楼沉降情况

(a) 观测点位置；(b) 沉降曲线

图 10-41 20 号楼沉降情况

(a) 观测点位置；(b) 沉降曲线

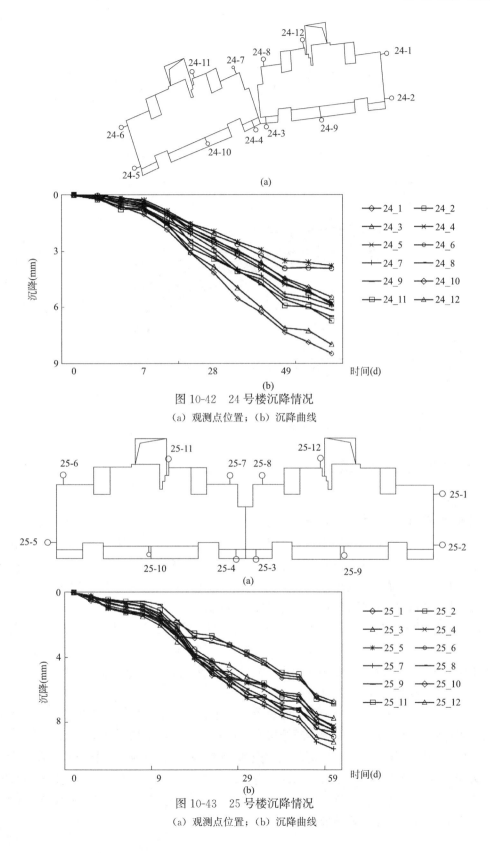

图 10-42　24 号楼沉降情况

（a）观测点位置；（b）沉降曲线

图 10-43　25 号楼沉降情况

（a）观测点位置；（b）沉降曲线

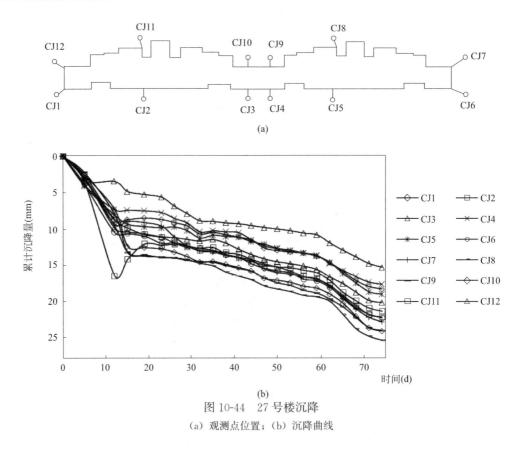

图 10-44 27 号楼沉降

(a) 观测点位置；(b) 沉降曲线

10.6.2 工程地质水文地质概况

1. 地层构成与特征

根据勘察资料，地基土自上而下分为（图 10-45、图 10-46）：

①层杂填土：表层局部为杂填土，以建筑垃圾杂粉土、粉质黏土为主；其余部位多为素填土，以粉土、粉质黏土为主，含建筑、生活垃圾。场区普遍分布，平均厚度 2.90m。

②层粉土：灰黄色，黄褐色，很湿，稍密，无光泽，局部夹流塑～软塑状粉质黏土，干强度及韧性低。场区普遍分布，平均厚度 7.66m。

③层粉质黏土：灰色、暗灰色，流塑～软塑状，局部夹砂及砂土薄层。场区普遍分布，平均厚度 28.59m。

④层粉细砂：灰色，中密～密实状，混贝壳碎屑。摇振反应迅速，无光泽，干强度及韧性低。场区普遍分布，平均厚度 3.61m。

⑤层黏土：底部夹砂粒，黄色、棕黄色，可塑状。无摇振反应，有光泽，干强度及韧性高。偶见铁锰质斑纹，夹少量钙质结核。场区普遍分布，平均厚度 4.69m。

⑥层粉细砂：灰色，局部为暗黄色，饱和，密实状。主要成分为长石和石英，颗粒均匀，级配较好，局部含卵、砾石。场区普遍分布，厚度 2.80～6.60m，平均厚度 4.79m。

⑦层黏土：灰色、暗灰色。可塑状。无摇振反应，稍有光泽，夹钙质结核，砂土薄层，干强度及韧性中等。该层未钻透。

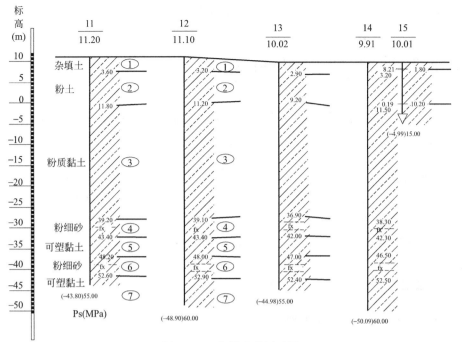

图 10-45　北侧地质剖面图

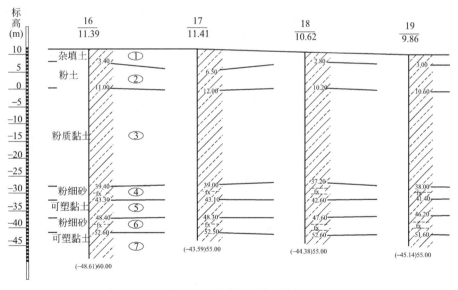

图 10-46　南侧地质剖面图

2. 地下水

根据勘察揭示的土层结构特征分析，场地上部地下水主要为孔隙潜水，主要由①层杂填土和②层粉土中的孔隙水构成含水层组。微承压水主要赋存于④、⑥层土中，以侧向径流为主。

场地内地表①层杂填土、②层粉土赋水性及透水性较好，③层粉质黏土及⑤、⑦层黏性土赋水性及透水较弱。

场地地下水主要受当地大气降水或地表水补给，以蒸发或逐渐下渗的形式排泄。水位和水量受季节影响变化较大。

10.6.3 沉降原因分析及基础加固纠偏方案

1. 原因分析

（1）沉降过大的主要原因：部分管桩桩端地基承载力不足；部分管桩桩长可能未达到设计的持力层。

（2）不均匀沉降的主要原因：桩基承载力分布不均匀、持力层埋深差异大；地下室整体对主楼沉降的约束力大；室内外的填土差异、沉降普遍向室外的填土区。

（3）次要原因：桩端下卧层分布不均匀；周围回填土对不均匀沉降产生有一定影响。

2. 基础加固与纠偏方案

经分析研究，设计采用化学灌浆联合预应力锚杆静压桩技术，结合室外填土区卸土、室内掏土反压、断桩、深部射水扰动等传统方法的综合方案对发生沉降且需纠偏的高层建筑物进行地基基础加固和楼房纠偏。

10.6.4 基础加固设计及关键问题

1. 基础加固设计的要点

（1）考虑原基础桩是 $\phi600$ 的预应力管桩，单桩承载力为 2700kN，如果新增的桩承载力小，新增补桩的数量较多，在筏板上开凿的压桩孔就要较多，对筏板破坏较大，加固的整体效果并不好。经过验算，设计新增的锚杆静压桩单桩承载力需 2500kN，压桩力取 2.5 倍设计值，即压桩力要达到 6300kN，新增的静压桩桩端持力层要到第⑦层可塑状黏土层，桩长 40～60m。

（2）补桩数量确定：补桩数量＝（高层建筑设计总荷载重量-原管桩实际承担荷载）/设计要求的锚杆静压桩单桩承载力。

（3）补桩桩位确定：根据基础筏板整体受力情况布置，主要布置于基础沉降大的一侧，兼顾整体的受力均匀性。

（4）终桩标准：最大压桩力和桩长双控，稳压收桩，压桩力取设计的单桩承载力值的 2.5 倍。

（5）基础筏板补强：根据对基础筏板的验算，对部分区域不满足受力要求的筏板采用叠合板加厚等措施进行补强。

2. 关键问题

（1）一般常规的锚杆静压桩多为预制的钢筋混凝土方桩或管桩以及钢管桩，边长不大于 350mm 或直径不大于 400mm，单桩承载力一般不超过 1500kN。如何实现本工程设计要求的锚杆静压桩 2500kN 的单桩承载力且要达到 2.5 倍压桩力，成为本工程的关键问题。

（2）设计新增的补桩桩长要进入第⑦层可塑状黏土层，在保证垂直度的前提下如何用锚杆静压桩机械将高承载力的桩压送到预定深度，是否满足压桩需要的锚固反力。

（3）锚杆静压桩受施工空间限制，单根桩体长度都较短，根据压桩的净空高度一般单根桩长 2～3m，桩体较长的情况下如何确保桩与桩之间的有效连接。

（4）新增的预应力锚杆静压桩最终需要通过与筏板有机连接承受上部荷载，筏板的厚度、强度和刚度是否具备新增补桩的冲切强度，给桩施加的预应力能否锁定且与筏板及原有的管桩能否共同作用。

10.6.5　解决关键问题的对策

（1）经比选与现场试验，最终选用 Q345B、$\phi530 \times 12$ 的大直径钢管桩作为此次工程新增的锚杆静压桩。

（2）对压桩架主架、横梁重新进行强度和刚度的验算及实测，提高了压桩架钢柱与钢梁的截面尺寸和板的厚度，重新加工制作了压桩架，采用 8000kN 大吨位的千斤顶用于锚杆静压桩施工（图 10-47）。同时对锚固筋的数量、植入螺纹钢的直径和植入深度以及植筋胶做了加强措施，经现场试验证明可以满足工程要求。

图 10-47　加强版的锚杆静压桩设备

（3）对大直径钢管桩与桩之间的连接采用对接驳口焊接＋钢板帮焊连接加强＋内套管（图 10-48），同时在压桩的起始位置增设钢管桩送桩器以加强压桩的能力（图 10-49）。

（4）为保证桩预应力的有效性并与筏板共同作用，采取在桩顶用 4 根 $\phi22$ 钢筋与 8 根压桩锚筋对角交叉焊牢，再在桩孔浇注混凝土的措施，以保证新增的补桩和筏板与原管桩共同受力。由于新增的锚杆静压钢管桩单桩承载力小于原管桩的单桩承载力，因此筏板的性能可以满足新增的补桩的各项要求，只需对部分表面受损的基础筏板采用叠合板进行处理即可。

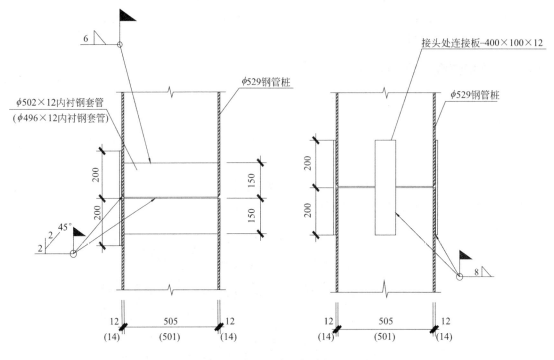

图 10-48　大直径钢管桩连接加强大样图

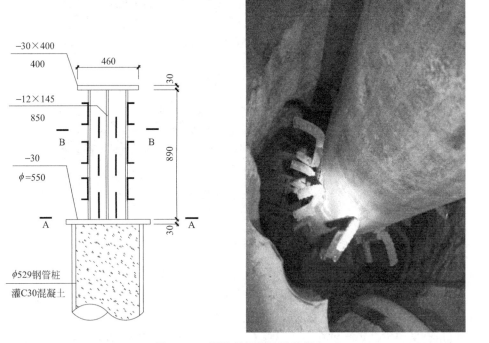

图 10-49　增设的钢管桩送桩器

10.6.6　施工主要过程

1. 桩孔定位放线

除严格按设计图纸要求定位放线外，平面位置关系均根据现场实际环境条件及开挖情况确定。开桩孔、压桩的批次及每批次的压桩先后顺序，应严格按照设计要求顺序进行，如图 10-50 所示。

图 10-50　桩孔定位放线

2. 基础筏板上开孔

采用开孔机在筏板上开凿压桩孔，应尽量避免损伤筏板钢筋（图 10-51）。

图 10-51　开孔机械开凿桩孔

3. 植入锚固钢筋（锚杆）

严格按设计要求植筋，为了提供足够大的锚固力，与普通锚杆静压桩相比，植筋的数量多，直径大（图 10-52、图 10-53）。

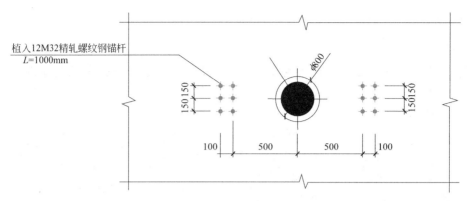

图 10-52　植筋大样示意图

图 10-53　现场植筋示意图

4. 置放钢管桩并进行压桩施工

本工程采用大直径钢管锚杆静压桩（ϕ530×12 钢管，Q345B，桩长 50～60m），设计钢管桩单桩承载力 2500kN，压桩力取 2.5 倍设计值即 6300kN 进行压桩。每节钢管桩长度 2.0～2.5m，节桩与节桩之间连接见图 10-42。

压桩具体步骤：

（1）安装压桩反力架并与锚杆连接，锚杆与反力架必须焊接牢固；

（2）装好压桩千斤顶；

（3）钢管桩应分节吊放压入，送桩时要对准孔位，吊直扶稳（图 10-54）。

压桩施工过程中原则上应一次到位，不得中途停顿。因意外确需中途停顿时，桩端

（尖）应停留在软土层中，且停歇时间不宜超过 12h。

整个压桩过程，必须完整做好压桩施工各阶段的记录。

5. 终压条件

压桩终压标准：以压桩力和桩长作为双控条件。

灌浆施工主要集中在基础沉降较大的一侧，在部分锚杆静压桩桩周钻孔，选用水泥＋水玻璃＋化学浆液的复合灌浆材料。灌浆过程中严格观测建筑物的沉降与抬升等变形情况，在灌浆体还未完全固结但沉降有抬升时，按照预先设定的抬升值，需将部分新增的静压桩终压后立即应用预应力进行锁桩封桩。

6. 永久封桩

封桩孔施工是一个关键环节，在分段施工区域内钢管桩施加锁定的预应力后，为加强桩和筏板及混凝土底板的连接，将桩顶用 4 根 $\phi22$ 钢筋与 8 根压桩锚筋对角交叉焊牢，要求双面焊 $5d$ 或双面焊 $10d$，然后再用抗渗等级 P6 的 C40 混凝土整体将桩孔区域浇注密实。锚杆静压桩封桩大样图如图 10-55～图 10-57 所示。

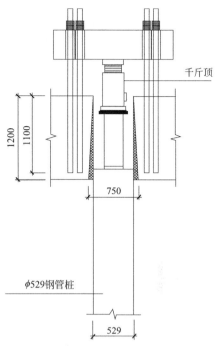

图 10-54　压桩大样示意图

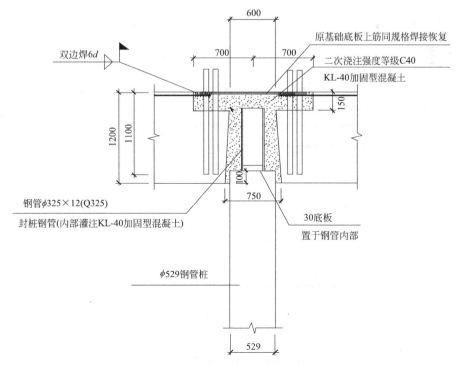

图 10-55　筏板处锚杆静压钢管桩封桩大样图

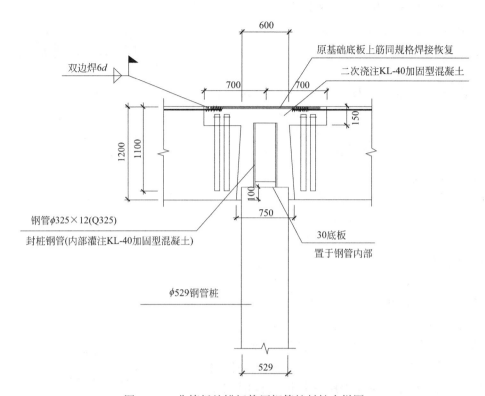

600

原基础底板上筋同规格焊接恢复

二次浇注KL-40加固型混凝土

双边焊6d

700   700

150

1200   1100

钢管φ325×12(Q325)

封桩钢管(内部灌注KL-40加固型混凝土)

100

750

30底板

置于钢管内部

φ529钢管桩

529

图 10-56　非筏板处锚杆静压钢管桩封桩大样图

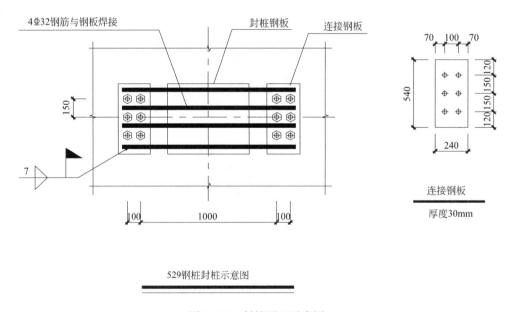

4Φ32钢筋与钢板焊接

封桩钢板

连接钢板

70 100 70

540   120 150 120

120 150 120

240

连接钢板

厚度30mm

150

7

100   1000   100

529钢桩封桩示意图

图 10-57　封桩平面示意图

封桩施工现场步骤如图 10-58 所示。

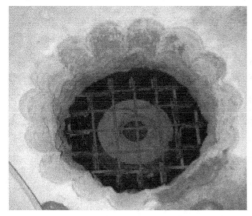
(a) 筏板底钢筋全部焊接

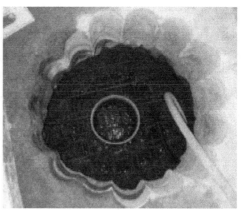
(b) 送桩器与钢筋的连接 $\phi 299$ 套管

(c) 筏板面层钢筋与封桩钢板全部焊接

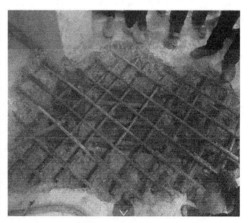
(d) 快速高强混凝土浇注封孔

图 10-58 封桩施工现场步骤

10.6.7 加固效果及建议

本高层建筑地基基础在采用化学灌浆联合预应力锚杆静压桩加固后，沉降得到了有效控制，同时结合室外填土区卸土、室内掏土反压、断桩、深部射水扰动等传统方法对需纠偏的高层建筑物进行了纠偏，效果良好，达到国家有关标准要求。

经过该项目的实践，关于化学灌浆联合预应力锚杆静压桩技术，今后在工程中应不断总结完善，应用时应特别注意以下几点：

（1）锚杆静压桩施工时应考虑挤土效应，压桩完成后应稳压，并带压锁桩，防止孔压消散对桩造成扰动。

（2）锚杆静压桩需在原基础上开桩孔时，应合理布桩，尽量减少对原基础的损坏，局部区域不宜多桩同时施压。

（3）压桩过程中应考虑桩段接头受力，保证连接质量，特别是钢管桩的焊接及帮焊。

（4）锚杆静压桩的最终压桩力不等同于其极限承载力，黏性土中孔压消散后承载力提高，极限承载力高于最终压桩力，而砂性土因砂土颗粒重新排列，压桩极限承载力低于最终压桩力。

（5）压桩终桩标准应考虑压桩加固目的，对承载力不足的补桩加固可采用最终压桩力控制，对控制沉降的补桩加固应考虑收桩的贯入速率及持力层，应增大压桩力。

（6）灌浆与纠偏过程中，应严密监控建筑物沉降与倾斜值的瞬间变化及变化趋势，根据监测的数值对灌浆压力、灌浆量、灌浆速率及其他纠偏措施进行指导，动态施工。化学灌浆联合预应力锚杆静压桩时，应根据灌浆对建筑物的抬升或沉降观测情况及时施加预应力，对锚杆静压桩进行暂时锁定。

（7）对于低层和多层建筑物，采用常规的锚杆静压桩联合灌浆等其他方法即可对既有建筑物进行基础加固和纠偏，而高层甚至超高层建筑物采用锚杆静压桩技术时，宜采取大直径、高承载力的钢管桩，可减少对原基础的损坏，发挥补桩与原桩共同作用的效果。目前，大直径、高承载力的锚杆静压桩直径可达600mm以上、压桩力达到了8000kN。

参考文献

[1] 邝健政，等. 岩土注浆理论与工程实例 [M]. 北京：科学出版社，2001.

[2] 杨晓东，等. 锚固与注浆技术手册 [M]. 2 版. 北京：中国电力出版社，2009.

[3] 孙亮，等. 灌浆材料及应用 [M]. 北京：中国电力出版社，2013.

[4] 龚晓南. 地基处理技术及发展展望 [M]. 北京：中国建筑工业出版社，2014.

[5] 龚晓南. 地基处理手册 [M]. 3 版. 北京：中国建筑工业出版社，2011.

[6] 刘庆普. 建筑防水与堵漏 [M]. 北京：化学工业出版社，2001.

[7] 赵同新. 后灌浆与地基处理 [M]. 北京：地震出版社，2010.

[8] J. 贝尔. 多孔介质流体动力学 [M]. 李竞生，译. 北京：中国建筑工业出版社，1983.

[9] 刘鹤年，等. 流体力学 [M]. 3 版. 北京：中国建筑工业出版社，2016.

[10] 熊厚金，等. 岩土工程化学 [M]. 北京：科学出版社，2001.

[11] 王红霞，等. 灌浆材料的发展历程及研究进展 [J]. 混凝土，2008，10：26～28.

[12] 杨志全，等. 黏度时变性宾汉体浆液的柱—半球形渗透注浆机制研究 [J]. 岩土力学，2011，32（9）：2697～2703.

[13] 阮文军. 基于浆液黏度时变性的岩体裂隙注浆扩散模型 [J]. 岩石力学与工程学报，2005，24（15）：2709～2714.

[14] 阮文军. 注浆扩散与浆液若干基本性能研究 [J]. 岩土工程学报，2005，27（1）：69-73.

[15] 刘嘉材. 裂缝灌浆扩散半径研究 [C]. 中国水利水电科学院科学研究论文集. 北京：中国水利水电出版社，1982.

[16] 薛炜，等. 袖阀管灌浆法在软土地基加固工程中的应用 [C]. 锚固与注浆新技术（会议论文集）. 北京：中国电力出版社，2002.

[17] 曾娟娟，陈海基. 快速固化型环氧树脂灌浆材料的制备及性能 [J]. 中国塑料，2020，4：6～11.

[18] 何巍，等. 无毒性（AC—Ⅱ）丙烯酸盐灌浆液的研究与应用 [J]. 施工技术，2010，4.

[19] 刘玉亭，等. 高性能水活性聚氨酯灌浆堵漏材料的制备与性能研究 [J]. 材料研究，2015，1：11～14.

[20] 程文华. 油性及水性聚氨酯堵漏剂混合在堵漏中的应用 [J]. 山西建筑，2014，19：117～118.

[21] 秦道川. 油溶性聚氨酯灌浆材料的研究综述 [J]. 中国建筑防水，2018，17：1～5，29.

[22] 王复明，等. 堤坝防护高聚物注浆技术的发展 [C]. 大坝技术及长效性能国际研讨会论文集. 北京：中国水利水电出版社，2011.

[23] 刘恒. 非水反应高聚物注浆材料锚固特性研究 [D]. 郑州：郑州大学，2017.

[24] 赵晨曦，等. 水玻璃/聚氨酯复合材料的研究现状及进展 [J]. 化工新型材料，

2019. 47 (1)：10～14.

[25] 张庆松，等. 基于浆液黏度时空变化的水平裂隙岩体注浆扩散机制 [J]. 岩石力学与工程学报，2015. 34 (6)：1198～1210.

[26] 李晓龙，等. 一种理想自膨胀浆液单裂隙扩散模型 [J]. 岩石力学与工程学报，2018，37 (5)：11.

[27] 罗平平，等. 倾斜单裂隙宾汉体浆液流动模型理论研究 [J]. 山东科技大学学报（自然科学版），2010，9 (1)：43～47.

[28] 李术才，等. 考虑浆—岩耦合效应的微裂隙注浆扩散机制分析 [J]. 岩石力学与工程学报，2017，36 (4)：812～820.

[29] 李晓龙，等. 自膨胀高聚物注浆材料在二维裂隙中流动扩散仿真方法研究 [J]. 岩石力学与工程学报，2015，34 (6)：1190～1197.

[30] 刘健，等. 水泥浆液裂隙注浆扩散规律模型试验与数值模拟 [J]. 岩石力学与工程学报，2012，31 (12)：2445～2552.

[31] 郝明辉，等. 水泥—化学复合灌浆在断层补强中的应用效果评价 [J]. 岩石力学与工程学报，2013，32 (11)：2268～2274.

[32] 阮文军，等. 新型水泥复合浆液的研制及其应用 [J]. 岩土工程学报，2001，23 (2)：212～216.

[33] 胡安兵，等. 新型注浆材料试验研究 [J]. 岩土工程学报，2005，27 (2)：210～213.

[34] 吴龙梅，等. 硅酸盐水玻璃—聚氨酯复合灌浆材料的制备及性能研究 [C]. 不良地质体化学灌浆技术（会议论文集）. 武汉：长江出版社，2016.

[35] 吴秀强. MJS 工法（全方位高压喷射法）桩在老城厢区域深基坑围护施工中的应用 [J]. 建筑施工，2014，36 (5)：509～510.

[36] 王会锋. 利用 MJS 工法穿过大断面共同沟加固地基施工技术 [J]. 上海建设科技，2014，(6)：4.

[37] 薛炜，等. 一种灌浆联合预应力锚杆静压桩纠偏加固方法：ZL2016108362917 [P]. 2018.

[38] 薛炜，等. 一种袖阀管用的注浆头结构：ZL201320426127.0 [P]. 2014.

[39] 张文超，等. 一种桩侧后注浆装置：ZL201410734588.3 [P]. 2014.

[40] 陈绪港，等. 一种混凝土变形缝的防渗结构：ZL20613583.3 [P]. 2019.

[41] 于方，等. 地下岩层裂缝的化学灌浆施工结构：ZL201520341887.0 [P]. 2015.

后 记

1958 年，中国科学院广州化学研究所成立。从建所伊始，广州化学研究所就开展了对高分子化学灌浆材料的研究和应用。六十多年来，经过几代科研工作者的不懈努力，研发出的系列化学灌浆材料、工艺和技术，解决了国家在水利水电、建筑、铁路、公路、矿山、文物保护以及抢险救灾等工程中遇到的技术难题，为我国的经济建设和社会发展作出了贡献。特别是于 20 世纪 70 年代研发出的"中化-798"改性环氧树脂灌浆材料开创了化学灌浆材料的新局面，由此奠定广州化学研究所在我国化学灌浆领域的引领地位。

1981 年，沐浴着改革开放的春风，中科院广州化灌工程有限公司的前身——中国科学院广州化学研究所化学灌浆公司正式成立，成为国内第一家专门从事化学灌浆技术研发、生产与工程应用为主的专业化公司。四十多年来，公司始终以化学灌浆技术为核心、以工程应用为主要方向，完美地传承了广州化学研究所在化学灌浆技术领域的优势，并不断地创新与发展，公司现已成为集技术研发与创新、材料生产与销售、工程设计与施工为一体的国家高新技术企业。

2021 年，适逢中科院广州化学有限公司从中国科学院广州化学研究所转制二十周年、中科院广州化灌工程有限公司成立四十周年，本书的出版，既是为此送上一份特别的礼物，也是总结过去、承上启下、继往开来的新起点。

六十多年来，承蒙广州化学研究所（公司）历任领导的关怀与支持，研究所和公司在化学灌浆领域所取得的成绩凝聚着广大科研工作者和工程技术人员的辛勤劳动与忘我奉献，在此借本书出版之际向关心、帮助、支持化学灌浆事业的各级领导和社会各界朋友们表示衷心的感谢！向过往为化学灌浆事业奉献了青春年华的老同志们致以崇高的敬意！向仍然奋斗在化学灌浆各个领域的同志们送去美好的祝愿！

作 者
2021 年 12 月于广化园